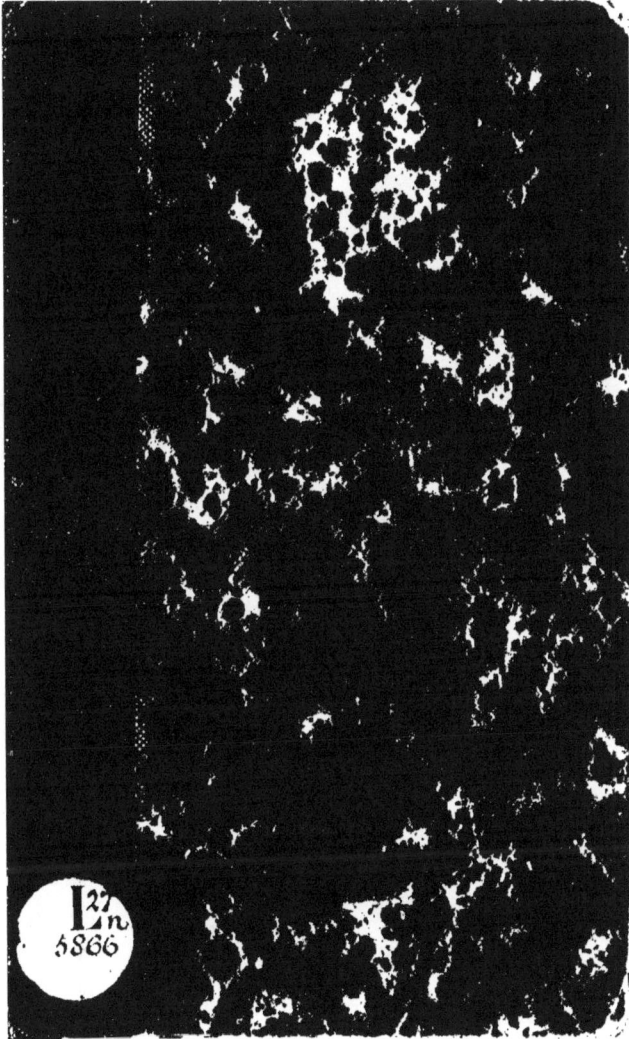

L 27 / n 5866.

ÉLOGE

DE

RENÉ DESCARTES.

ÉLOGE

DE

RENÉ DESCARTES,

Par M. MERCIER.

Tu Pater & rerum inventor, tu patria nobis
Suppeditas præcepta.... *Lucret. de Rer. Nat. Lib. III.*

GENÉVE,
Et se trouve
A PARIS,
Chez la Ve PIERRES, Libraire, rue S. Jacques,
près S. Yves, à S. Ambroise & à la Couronne d'Épines.

M. DCC. LXV.

ÉLOGE

DE

RENÉ DESCARTES.

Entre les différens Génies qui font l'honneur de l'Humanité, quel est celui qui mérite notre plus profond hommage ? Mon respect est pour le Philosophe, ma main lui décerne la Palme. Au milieu de tant d'Arts, enfans de notre orgueil & de notre misere, il est un Art utile, au-dessus de toutes les sciences ; c'est l'Art sublime de Penser. C'est cet Art, le plus légitime de tous, qui nous éclaire, nous guide & nous rapproche le plus de l'Auteur de notre être. Penser, c'est rechercher la Vérité ; c'est l'acte le plus pur de notre entendement, & le partage essentiel d'un être libre & raisonnable. Le génie amateur de la Vérité la pour-

A

fuit avec ardeur, il a un tendre & violent attachement pour elle. Cet amour fuprême s'é-
tend généralement à tous les objets ; & s'il
réuffit, ce ne peut être qu'en détruifant l'a-
mour - propre & toute paffion perfonnelle :
auffi fuppofe - t - il un héroïfme préférable à
tout autre. Sans le vrai, il n'eft rien de beau
dans l'Univers ; il n'eft aucune vertu dans
l'homme. L'amour du vrai eft donc la plus
heureufe qualité de l'efprit ; &, lorfqu'elle
tombera dans un homme qui ofera penfer
d'après lui - même, alors ne formera-t-elle
pas le Philofophe parfait ? Il méditera, &
fera penfer le Genre humain. Jufte & confé-
quent, il aura un caractere élevé, plein de
force & de grandeur. C'eft lui qui poffédera
cette liberté, cette fage hardieffe, cette noble indépendance qui juge les idées anciennes ou vulgaires, non par oftentation, mais
par fon entier dévouement à des vérités utiles au monde.

Dans ce féjour d'illufions, où l'imagination nous trompe, où tous les objets confpirent à nous abufer, on rencontre facilement
des génies ardens, paffionnés, prompts à s'en-
flammer, prompts à rendre les impreffions

qu'ils ont reçues ; mais ce génie patient &
attentif, qui, dans un équilibre parfait, exami-
ne, embrasse les choses les plus opposées, qui,
sage & lent à prononcer, remonte aux principes, descend dans les détails, rectifie par le
raisonnement nos sens qui nous égarent, qui
cherche enfin le fondement immuable des
vérités éternelles, pour y reconnoître ce vrai
qui ne sçauroit nous tromper ; un tel génie,
digne de tous nos respects, est sans contredit
le plus grand, comme le plus rare.

Mâle, ferme, soutenu, il paroîtra froid
aux esprits futiles & bornés, parce qu'il n'aura ni leurs écarts, ni leurs passions : mais que
le cœur né pour le sentir, trouvera de charmes dans les traits augustes & simples, sous
lesquels il présentera la Vérité ! Quel cœur
droit ne deviendra pas idolâtre de ce grand-
Homme, ne s'attachera point à ses pas, pour
se préserver du nauffrage commun, ne le re-
gardera pas enfin comme le Pilote heureux,
dont la main forte & insensible dirige, en silen-
ce, la raison à travers mille écueils ?

Ce Portrait est celui de RENÉ DESCARTES,
qui, né dans un Siécle encore couvert des
dernieres ombres de la barbarie, tira toutes

les Sciences du cahos , les lia entre elles ;
montra les fecours mutuels qu'elles pouvoient
fe prêter ; &, s'oppofant au torrent des erreurs, bravant les tyrans de la raifon, s'avança, avec toutes les forces du raifonnement ,
à la découverte de ces nouvelles vérités, dont,
aujcurd'hui , nous recueillons les fruits heureux.

Ainfi un feul homme a caufé une révolution auffi étonnante que fubite. Seul, il découvrit la Théorie de l'Art de Penfer , incon-
nue jufqu'alors, rendit toutes les parties des
Mathématiques fécondes en inventions utiles,
porta le flambeau de l'Expérience dans le
fein ténébreux de la Phyfique , analyfa les
refforts de la Nature , mit un monde nouveau
fous nos yeux , s'éleva jufques à l'Homme &
à fon Créateur.

Enfin , ce n'eft plus le grand-Homme d'un
feul Pays , l'idole d'une Nation , & le
fléau des autres , que je dois ici célébrer.
C'eft un Philofophe , c'eft un Sage , un Génie
qui a fervi l'Univers. Sa gloire n'eft point
bornée par l'enceinte des lieux , elle fran-
chira l'efpace , & fera celle de l'Humanité
entiere.

Heureux celui qui fut appellé aux hautes deftinées d'éclairer le monde ! Heureux le Génie que le Créateur a doué d'une âme propre à lire tous les traits de fa puiffance ! O DESCARTES ! quand mon œil obferve la fublimité de ton vol, je conçois un nouveau refpect pour la profondeur de l'efprit humain. Je te lis, & je fuis fier du nom d'Homme. Je médite avec toi, & mon être s'aggrandit ; je fuis orgueilleux de te fuivre. Ton efprit brûloit pour la Vérité, ton ame s'enflammoit pour la Sageffe : également admirable fous ces deux rapports, j'arrêterai d'abord mes regards fur tes travaux & tes découvertes ; enfuite je les porterai fur ta Morale fublime, confirmée par l'exemple de ta vie.

PREMIERE PARTIE.

DEPUIS les beaux jours des Socrate & des Platon, quel a été le trifte fort de la Philofophie ? Tantôt errante, bannie, perfécutée ; tantôt livrée aux rifées infolentes du Peuple, elle chercha vainement un afyle ; elle n'en trouva que chez un petit nombre

d'hommes ; vingt Peuples policés méconnu-
rent fa lumiere. Quelle Science cependant
eft plus refpectable ? Source de l'évidence ,
elle diffipe l'épaiffe nuit qui couvre nos yeux,
& les merveilles de la Raifon & de la Nature
nous font dévoilées. Quelles ténébres répan-
dues fur la face de l'Europe, au moment où
DESCARTES fit briller une nouvelle clarté !
Les hommes, aveugles adorateurs d'Ariftote,
rampoient devant fes décifions obfcures , &
fe traînoient depuis deux mille ans fur fes
veftiges. La Raifon, condamnée au filence,
fe trouvoit abbatue fous l'autorité qui proté-
geoit l'erreur. Une démence, plus trifte qu'u-
ne ignorance abfolue , faifoit croire qu'on
pouvoit , dans des Livres ininteligibles , embraffer la Science univerfelle. Une efpéce d'i-
dolâtrie confacroit des mots vuides de fens ,
comme des oracles. Ceux qui , par état, de-
voient éclairer la Nation , lui préfentoient des
mots fans idées , & dont ils fe payoient les
premiers. La Logique, confufe, embarraffée,
étoit barbare & ridicule ; la Métaphyfique ,
un affemblage de queftions bifarres & frivoles ; la Phyfique, malgré quelques lueurs, un
enchaînement de rêveries. C'étoient des qua-

lités ocultes qui régiſſoient la Nature ; une
Doctrine ſubtile & rafinée ; tel étoit l'aliment
vuide de ſubſtance dont ſe nourriſſoient des
eſprits opiniâtres & vivemment amoureux de
la diſpute. Dans cette nuit profonde , on ne
voyoit briller que les pâles éclairs d'une imagination folle ou ſuperſtitieuſe. Ariſtote cependant, rendu barbare ʃar ſes Commenta-
teurs, étoit un Génie doué d'une multitude
de connoiſſances ; mais on ne ſçavoit pas le
reſpecter, en lui accordant le privilége de ne
s'être jamais trompé. Il falloit ſans doute, pour
le faire oublier, un Génie d'une trempe auſſi
forte, d'un eſprit auſſi étendu , & qui eût
plus d'ardeur pour la Vérité. La France eut
la gloire de produire ce Génie immortel.
DESCARTES vint, & dit à ceux qui ſe nom-
moient *Philoſophes :* Vous devez déſappren-
dre ce que vous croyez ſçavoir. Il faut penſer avant que de croire ; & il ne ſuffit pas de
croire pour qu'une choſe ſoit vraie. N'admet-
tez déſormais que des idées claires & diſtinc-
tes, fondées ſur l'évidence, ſans quoi vous
ne bâtirez que des erreurs plus ou moins ingénieuſes. Il oſa donc attaquer les Anciens &
les Modernes réunis. Il irrita les eſprits fol-

bles, qui vouloient l'enfermer dans le laby-
rinthe où ils étoient prifonniers. Audacieux,
il fe fit des aîles, & s'envola loin d'eux,
frayant àinfi des routes hardies à la Raifon
captive.

C'eft au fein de la Magiftrature que DES-
CARTES prit naiffance. Les ombres du trépas
environnoient le berceau de ce Génie naif-
fant. Si la mort eût frappé le coup dont elle le
menaçoit, notre Philofophie feroit peut être
de nos jours ce qu'elle étoit alors. Quel eft
ce privilége des grands-Hommes ? ils nous
attachent jufques fur leur enfance ; ils nous
étonnent, & annoncent ce qu'ils feront un
jour. DESCARTES fait briller cette curiofité,
inépuifable foutient du Génie. C'eft au milieu
des murs élevés par la main généreufe de
Henri IV, qu'il va nourrir cet efprit fi ardent
pour l'Etude. Jeune encore, il embraffe le
cercle des connoiffances qu'il doit un jour
approfondir. De même que la flamme vit de
l'aliment qu'elle dévore, ainfi le génie s'ac-
croît des différentes Sciences qu'il parcourt.
Idolâtre de la Poëfie, DESCARTES facrifie
aux Graces. Elles n'énervent qu'un efprit faux;
elles embelliffent le pinceau d'un efprit fo-

lide. Il fe pénétre de cette douce chaleur
qu'on puife dans l'éloquence des anciens Ora-
teurs ; auffi fut - il toujours intéreffant dans
tous les fujets qu'il traita dans la fuite ; il ouvre l'Hiftoire, & juge déjà les livres, les événemens & les hommes.

Quel exemple affreux des fureurs de la fu-
perftition ! Quelle fource de larmes & de réflexions pour le jeune DESCARTES ! Le poignard du fanatifme a immolé le meilleur des
Rois. Ce cœur, qui fut le thrône de l'humanité, percé de coups, eft tranfporté à la Flé-
che. DESCARTES l'arrofe de pleurs ; & fa
main tremblante grave les triftes Emblêmes,
interprétes de la douleur publique.

Eft - ce l'orgueil du fçavoir qui attache
DESCARTES à l'étude, ou du moins eft - ce
une occupation tranquille & douce, deve-
nue néceffaire à fon goût ? Non. C'eft plutôt
un devoir qu'il s'impofe, un but utile qu'il
cherche ; c'eft l'Art de bien vivre qu'il veut
mettre en pratique, l'Art de fe guérir & de la
préfomption, & des vils préjugés, toujours
dangereux, & des miférables paffions qui nous
afferviffent. DESCARTES n'a pas befoin de fes
Maîtres, & il les honore. Il refpecte leur zéle ;

mais il voit, en gémiffant, que des mots arti-
ficieux dans les combats étoient leur lance &
leur bouclier. Il a le courage de dédaigner ce
qu'il a appris, & médite alors pour l'Art de
Penfer, un plan plus net, plus lumineux &
plus fûr. Mais fi DESCARTES entre dans la
carriere des Sciences, ce fera pour les réformer. Il fonde les abimes de la Métaphyfique ;
dès le premier pas il fe voit égaré au milieu
des fantômes. Où eft le jour pur qui les
diffipera ? Où eft le fil fecourable qui diri-
gera fa marche. Il effaye toutes les forces
de fa Raifon ; mais bientôt il a le talent de
fentir fon impuiffance. Le temps n'eft pas encore arrivé, où la vérité doit couronner fes
longs efforts. Cependant il perfifte dans fa
courageufe réfolution. Il veut marcher feul
au fein de ces régions inconnues ; il paffe en
revue tous les objets de fa mémoire, & tout
ce qui porte avec foi fa conviction, & il con-
clut que l'expérience feule peut foulever un
coin du voile qu'il a plû au Créateur de jetter
fur les premieres caufes. Il abjure dès-lors une
vaine fpéculation ; &, pour élever l'édifice
d'un fyftême, il cherche des fondemens iné-
branlables.

DESCARTES trouva dans les Mathématiques ce qu'il avoit vainement demandé aux
autres Sciences ; l'évidence & la certitude.
Elles porterent une douce satisfaction dans
cet esprit né pour le vrai. L'Analyse des Anciens , l'Algébre des Modernes , occupent
tous ses instans. DESCARTES juge qu'on peut
bâtir quelque chose de grand, d'immense ;
d'utile à l'Univers sur cette base solide. Son
Génie sent confusément les merveilles, qu'a-
vec le temps, il doit enfanter.

Les Anciens connoissoient l'Analyse ; mais
ce n'étoit pour eux qu'une spéculation abs-
traite & inutile. Bornée à la considération des
figures, elle ne donnoit aucune prise à l'entendement. L'Algébre, chez les Modernes,
étoit un Art confus, obscur, presque magi-
que, & qu'on n'avoit sçu rendre appliquable
à rien. DESCARTES jette sur ces deux Sciences
un coup d'œil rapide, & découvre à la fois,
& ce qui leur manque, & ce qui peut les fé-
conder. Il ne considéra donc plus les Mathématiques d'une maniere isolée, comme on
avoit fait jusqu'alors ; il les apperçut sous
leurs divers rapports, & leur prêta un corps,
pour parler visiblement à l'imagination ; il

suppofa enfuite des lignes, afin de fe faire entendre dans ces notions abftraites, &, par ce moyen, abrégéa, fimplifia la méthode d'appercevoir toutes leurs proportions. Ainfi, en repréfentant par des objets fenfibles des quantités indéterminées, il lui fut aifé de généralifer fes folutions, & de s'élever par des routes fûres aux plus fublimes théories. La clarté, la netteté, la précifion, fuccéderent tout-à-coup dans des Sciences qui paffoient pour myftérieufes.

Epoque inattendue! DESCARTES nous a donné la clef des hautes Sciences, DESCARTES vient d'appliquer l'Algébre à la Géométrie. Cieux! vous n'avez plus de fecrets, nous pourrons pénétrer dans les routes de l'infini; nous tenons le fil de ces connoiffances fublimes qui étonnent ceux mêmes qui les trouvent; la marche de l'Univers fera réglée, & l'efprit de l'homme eft aggrandi. DESCARTES a plus fait en un inftant, que n'ont fait les Siécles précédens. Il a découvert un nouveau monde; l'Europe eft partagée entre l'étonnement & l'admiration; fa vue profonde & fa fagacité l'ont déjà élevé au-deffus des Efprits de fon Siécle; ils ne conçoivent pas même d'abord ce qu'il a imaginé ; il a fait ces grandes chofes, & je le vois encore dans fa premiere jeuneffe, au milieu des murs de l'Ecole !

Toujours guidé par cette jufteffe d'efprit qui le caractérifoit, il forme le projet d'applanir les difficultés qui croifent les opérations de l'efprit. Conftance, application, étude, méthode, il emploie tous ces efforts tour-à-tour. Peut-il fe diffimuler l'incertitude où fe trouve fon ame fur fa propre nature ? Il la fonde dans tous fes replis : qu'y trouve-t-il ? Des doutes, des ombres, des lueurs qui, comme dans les cachots, éclairent l'horreur des ténébres. Quoi ! ce qui eft le plus important à l'homme de fçavoir lui demeurera caché ? Quoi ! il n'aura pas dans ce monde une feule connoiffance affurée ? Voila ce que fe dit DESCARTES. Il frémit, & veut déchirer le voile qui couvre une vérité primitive ; le voile réfifte à fes efforts. DESCARTES rougit. O défefpoir du Génie ! Il a fenti les rayons de fa penfée fe brifer contre un mur impénétrable ; vaincu par fa propre activité, il renonce à une méditation où il n'a rencontré qu'infuffifance. Supérieur à fon Siécle, à fes

Livres, il enveloppe dans un mépris univerfel les Sciences & les Sçavans, & demeure
fier encore de fçavoir, plus qu'eux, qu'il ne
fçait rien.

DESCARTES a abandonné la retraite, eft
entré dans le monde, s'eft livré à fon tourbil-
lon comme un malheureux, qui, las & fati-
gué de lutter contre des vagues, s'abandonne
enfin au vafte courant des mers. Il n'a pu arracher la Vérité du lieu où elle fe cache ; toute
occupation devient indifférente à cette ame
grande & fiere. Son extrême mérite lui attache des amis, charmés de le poſſéder ; mais
ces mêmes amis, dignes de ce nom, le ramé-
nent infenfiblement vers ces matieres auguf-
tes qui femblent faites pour lui. DESCARTES
fourit alors de la foibleffe de l'homme. Que
dis-je ? Le Génie peut-il fe dérober à lui-même ? Se flatte-t-il d'échapper à l'attrait impérieux qui le fubjugue ? Le fang d'Achille
bouillonnoit à la vue d'une épée. Ces entre-
tiens paifibles de l'amitié enflamment le Philofophe, malgré lui attentif, ardent à faifir
ce qui eft de fon reffort. Une illumination
foudaine a pénétré fon Génie. L'efpoir le
ranime ; il revole à la retraite. La Nature,

la Vérité, la Poſtérité l'appellent ; il a déjà
oublié le monde & ſes vains amuſemens.

Vous qui ſçavez goûter les charmes de la
méditation, avancez avec moi ; pénétrons
dans cet aſyle qu'entoure le ſilence, où l'ame
de DESCARTES eſt profondément occupée
d'objets ſublimes, & ſe trouve plongée dans
de doux raviſſemens inconnus au vulgaire.
Le voilà qui jouit d'un contentement, qu'il
n'eſt pas au pouvoir des Rois d'achetter. L'empreinte auguſte de la réflexion eſt ſur ſon
front ; la lumiére de la penſée brille dans ſes
yeux ; ſon eſprit, éclairé des plus purs rayons
de la Raiſon humaine, eſt dans un glorieux
entretien avec la Nature, avec Dieu. En ce
moment ſon œil perce au plus haut des Cieux,
cherche les nœuds ſecrets, les principes ca-
chés, l'enchaînement merveilleux des cauſes
& des effets, embraſſe l'Univers, qui n'eſt pas
plus vaſte que ſon Génie. C'eſt loin des Mortels profanes ou frivoles qu'il prépare cette
flamme pure & ſacrée, dont il doit éclairer le
monde. Ainſi, dans les entrailles profondes
de la Terre, s'élaborent dans un majeſtueux
ſilence, ces mines précieuſes, qui feront un
jour les richeſſes & la ſplendeur des Etats.

Il est découvert après l'espace de deux années. On l'arrache à cet heureux asyle. L'empire de l'amitié, quelquefois tyrannique, l'en-
chaîne à un monde qu'il dédaigne ; mais du
moins son Génie, indépendant au milieu du
tumulte, méditera en liberté. Si DESCARTES
ne peut plus vivre caché, il étudiera les Hommes ; étude plus importante aux yeux du Philosophe que celle des Sciences. Est-ce au milieu des Villes, où tous portent un masque
semblable, qu'il les observera ? Non ; ce sera
au milieu des camps de leur licence & parmi
les horreurs de la guerre ; c'est-là qu'il jugera
l'Homme, peut-être, hélas ! tel qu'il est.

Voilà DESCARTES militaire. Il suit l'exemple de la Noblesse Françoise, qui alloit apprendre l'Art des combats sous Maurice de
Nassau : ce Prince aimoit les Mathématiques ;
ne nous étonnons donc plus de voir DESCAR-
TES sous ses drapeaux. Ses mains n'étoient
pas faites pour répandre le sang des hommes,
bien moins encore pour en recevoir le prix.
Spectateur des mœurs diverses ; Philosophe
sur un champ de bataille, il raisonne au milieu des feux destructeurs ; il observe & s'attendrit. Témoin de ces cruels débats, que
suscite

fufcite l'ambition des Grands, & dont les Peuples font les miférables victimes, combien de
fois ce Philofophe fenfible eut voulu les ap-
peller, les concilier tous au tribunal de l'humanité & de la raifon, & défarmant, à leur
voix facrée, leurs mains féroces, leur faire
avouer en s'embraffant, qu'ils n'étoient des
furieux, que parce qu'ils étoient des infenfés.
Cependant, fous l'habit d'un Soldat, il réfoud
des Problêmes. On l'a regardé comme un jeune préfomptueux, & c'eft le plus modefte des
hommes : le Mathématicien vaincu, qu'il fup-
prit & qu'il étonna, avoue qu'il a fur les autres hommes le droit d'être orgueilleux. Pra-
gue eft prife d'affaut ; fes compagnons fan-
glans volent fans remords au pillage ; Des-
CARTES vifite avec refpect la Maifon de Ti-
cho-Brahé ; il s'informe des actions de fa vie ;
il porte honneur à fes defcendans ; il décom-
pofe avec une muette admiration fes fçavan-
tes Machines. Grands-Hommes ! n'attendez
un hommage fincere, que de ceux qui vous
reffemblent.

Toujours méditant, toujours occupé du
vafte deffein de jetter les fondemens d'une
Philofophie nouvelle, livré tout entier à ce

B

projet, qui eut été téméraire dans tout autre ;
DESCARTES s'arrête fur les Frontieres de la
Baviere. Il retrouve dans la folitude cette
grandeur naturelle, cette faculté libre & hardie de Penfer, brillante encore d'un nouvel
éclat. Le Génie vit par lui-même ; mais c'eft
la méditation qui développe fes richeffes.
DESCARTES reconnoît que la perfeɛtion
abfolue d'un Ouvrage eft dans fon unité. Il
dit : Je ne marcherai point fur les pas d'autrui. Je m'enfoncerai feul dans la profondeur
des Sciences. Ma raifon, abandonnée à elle-
même, fera moins fujette à l'erreur, que fi
elle étoit tirannifée par des opinions étrangé-
res. Les Sciences, bâties par des mains différentes, n'ont point ce rapport, cet enfemble,
ce caraɛtere de vérité qui frappe & qui tranf-
porte. Les hommes, mûs par tant d'intérêts
divers, fe flatteroient-ils de trouver cette har-
monie du tout, qui entraîne la conviɛtion.
Augufte Vérité, tu exiftes, tu es une & fim-
ple ! Si tu couronnes la bonne foi, la conftance & d'affidus travaux, tu ceſſeras de t'en-
velopper dans le voile où fans doute tu te
plais à voir nos généreux efforts : je t'aime ;
mon cœur me dit que je fuis né pour toi.

Alors DESCARTES permit à fon Génie de planer en liberté fur tous les êtres. Il n'avoit point l'ambition de détruire, pour le plaifir cruel d'infulter au Genre-Humain fur le débris de fes opinions. C'eft un édifice immenfe & nouveau, dont il veut dreffer le plan d'une main affurée. Quels travaux pourfuivis pendant tant d'années ! Il anéantit chaque jour fes idées ; il arrache de fon ame toutes fes opinions ; il renverfe, il détruit, & fes préjugés, & ce qui même n'en étoient pas. De quel courage n'eût-il pas befoin pour dépouiller fon imagination, fa mémoire, fon entendement, de toutes ces perceptions identifiées avec nous & qui nous font fi cheres ? Quel facrifice héroïque, que celui de l'orgueil que nous infpire nos propres penfées ! Quelle ardeur pour le vrai, que de renoncer à ce qui fait notre exiftence ! DESCARTES efface tout ; il rend fon ame comme l'ame d'un enfant, où rien ne feroit encore tracé ; du moins il le tente, & un extrême amour pour la vérité eft le feul fentiment qui lui refte.

Voilà DESCARTES comme un homme, qui tout-à-coup tiré du néant, entreroit dans le

fein de l'Univers. Son œil incertain appren-
droit à voir ; fon pied tremblant à marcher ;
fa langue à balbutier. DESCARTES, attentif à
tous les objets, à toutes les impreſſions, cherche la premiere pierre de fon édifice , c'eſt-
à-dire, un premier principe certain, fécond,
indépendant. O Vérité, que tu es lente à ré-
compenfer les peines d'un grand-Homme ! La
contention d'efprit qu'il éprouve, la folitude,
les efforts impuiſſans qu'il fait pour brifer la
prifon de la raifon humaine, échauffent par
dégrés fon cerveau, & l'exaltent jufqu'à l'enthoufiafme. Je me repréfente ici ce fameux
Philiftin, abbattu fous le poids de fes propres
forces. Mais le calme renait. Son courage ne
l'abandonne pas. Plongé dans une méditation
profonde & continuelle, il appelle fucceſſi-
vement & chaffe le torrent de fes penfées.
Il pourfuit cette vérité primitive avec une
patience & une fermeté qui n'ont jamais eu
d'exemple, & qui annoncent l'ame la plus
forte. Il faifit tous les traits épars, qui dans
leur choc pourroient faire jaillir quelqu'étincelle. Il aime mieux être trompé, que de né-
gliger la moindre tentative. Il interroge fuc-
ceſſivement tout ce qui exifte ; femblable à

l'Artiste, qui décomposant la matiere pour en retrouver les premiers élémens, va tirer l'or du sein de la fange.

Hommes frivoles, endormis dans la paresse & dans le luxe, vous parlez au hasard, vous décidez avec une orgueilleuse ignorance. Vous ne sçavez peut-être pas qu'il est un Art de Penser, & combien il demande de soins, d'attentions & d'études? Apprennez-le, & soyez plus modestes en voyant Descartes méditer long-temps, & douter encore. Il ne cherche qu'un premier principe. Tantôt il s'appuye sur les Loix des Mathématiques, comme sur un fondement constant & immuable; tantôt il les rejette, & ne se confie qu'au vol de sa pensée. Il descend dans son ame, il en sort, il l'exerce, il la fatigue en tout sens, & la fatigue vainement. Plus sage, il ne se livre plus au désespoir; il attend le trait de lumiére, & son Génie sans-cesse veille. Voyageons, dit-il, étudions de nouveau les hommes; &, par ce moyen, élevons-nous, s'il est possible, à cette connoissance fondamentale, qui est le but de mes travaux.

Descartes a semblé se jouer avec les

Sciences. Tel fut l'effet de fa fupériorité, &
non de fon inconftance. Il ne les parcouroit
que pour les lier entre elles, en compofer un
vafte corps de lumiére, une feule & grande
vérité. Ne pouvant exécuter le deffein qu'il
imaginoit fi bien, & qui peut-être eft au-deffus de l'homme, il ne regardoit plus ces mêmes Sciences, que comme des matériaux ifo-
lés qui attendent la main d'un Architecte plus
habile. Il renonce à la Géométrie qui lui
avoit été fi chére, dès qu'il ne peut plus la
plier à fa volonté ; mais il y reviendra ; car
un DESCARTES ne peut fe féparer d'elle. Aujourd'hui il néglige tout ce qui ne frappe pas
l'entendement. Sa penfée, voilà fon unique
guide ; c'eft cette penfée trop fublime, qui
lui faifoit appercevoir un point où tout devoit aboutir, qui embrafferoit tous les rapports, qui feroit le fil de toutes nos connoiffances, qui tiendroit à tous. Qu'on ne nous
dife point que l'audace du Philofophe fe pro-
pofe un efpoir infructueux, Logique froide
des efprits bornés.'C'eft au prix de fa conftance, de fa hardieffe, quelquefois de fa té-
mérité, que le voile qui couvre la vérité tombe devant fes regards, furpris & charmés.

Cependant la Nature, par la voix de la Phyſique, a répondu à quelques-unes de ſes interrogations. Ces progrès l'enflamment. Il ſe ſent entraîné vers l'étude de cette Science ; il la voit d'un autre œil, qu'il n'avoit fait juſques alors ; il la touche ; elle va donc changer entre ſes mains. Elle va devenir exacte, lumineuſe, profonde & intéreſſante. Elle va nous montrer le rang que nous tenons parmi les êtres créés, le monde que nous habitons ; elle va nous étaler les auguſtes merveilles de la Création, nous apprendre à voir, à connoître, à admirer les miracles qui nous environnent.

Homme ! léve maintenant les yeux vers la voûte étoilée. L'Univers a pris une ame. Ce ſont ſes rapports découverts, ſa marche ſûre & rapide, ſes loix immuables qui font ſa magnificence. Ils ſont détruits ces atômes éternels, cette force aveugle, & tous ces rêves ſi antiques & ſi affligeans. Vois l'ordre qui regne au-deſſus de ta tête. Eh ! quel cœur froid ne ſera pas ému ? quel eſprit ne ſe ſentira pas élevé à la vue des Ouvrages de l'Être Éternel, de ces Ouvrages analiſés par la main de DESCARTES ? C'eſt alors qu'ils portent d'une

maniere plus vifible l'empreinte majeftueufe
des perfections de leur Auteur. Tandis que du
coup d'œil du Génie il embraffe l'enfemble ,
fes mains ne dédaignent pas les leçons de l'expérience. Affocié aux travaux des Artiftes, il
n'en paroît que plus grand. Les Arts obéiffent
à fes loix, & fe perfectionnent. Il imprime
fur les plus petits objets l'étendue de fon Génie. Tout paffe comme un nuage léger devant
des yeux vulgaires ; tout parle puiffamment
au Philofophe ; c'eft lui que la Nature chérit
pour témoin de fes opérations fecrettes ou
fublimes.

Le fuivrai - je fur le fommet des Alpes ?
L'œil fixe, il mefure leur hauteur ; il arrête
avec tranfport fes regards fur ces Plantes où
la Nature étale fa force & fa beauté primitives. Ces Neiges, auffi anciennes que le monde, qui repréfentent l'empire du Cahos, &
ce penchant des Monts, paré de couleurs
éclatantes, par leur contrafte, le plongent dans
une forte d'extafe. Son ame alors eft dans fon
élément, qui eft de voir & de fentir. Émue
délicieufement par ces grands objets, elle
traverfe les Cieux avec l'éclair rapide ; elle
fe proméne lentement avec le tonnerre ma-

jeſtueux qui roule dans la nue ; ſon exploſion
terrible plait à ſon oreille ; ſon eſprit recherche les élémens qui le compoſent. A la ſource
de ces Fleuves ſuperbes qui arroſent tant d'E-
tats, il découvre les canaux ſecrets qui fil-
trent leurs eaux , & viennent former leurs in-
tariſſables réſervoirs. L'air , cet agent univer-
ſel , il le ſoumet à ſa balance : après l'avoir
conſidéré au moral , il le conſidére au phyſique. Il le voit influer ſur les mœurs des Na-
tions , & leur prêter ſes qualités. Obſervation
importante , qui n'a pas été aſſez ſuivie , comme ſi ce n'étoit pas aux ſiécles ſuivans à
achever ce qu'à indiqué une fois un grand-
Homme.

Mais DESCARTES , après avoir, pour ainſi
dire , moiſſonné la ſurface de la Nature, a ,
tout-à-coup , diſparu. Il a confié le ſoin de
ſes affaires à un ami, & s'eſt chargé de celui
d'éclairer le monde. Il s'y ſent appellé. Son
nom eſt dans toutes les bouches; il ſe dérobe
à la foule de ſes Admirateurs. C'eſt la Vérité
qu'il cherche , & non des Éloges. Il vit ſeul ,
ſeul avec ce feu ſacré qui le dévore. L'inſpi-
ration habite les lieux ſolitaires ; c'eſt dans
une retraite inacceſſible que DESCARTES

penſe, qu'il eſt à lui-même. Là, il n'a point à
gémir de ces coutumes génantes, de ces uſa-
ges minutieux & tiranniques, qui, comme ces
Inſectes malfaiſans, tourmentent l'Homme de
génie. Maître de ſon temps, comme de ſa
penſée, il s'éléve ſur les ailes de la méditation, ſans crainte d'être troublé. Les Sçavans
tournent d'avides regards vers les lieux où il
ſe cache. On s'empreſſe de lui écrire; on
attend ſes déciſions avec le même reſpect
qu'on avoit jadis pour ces Dieux qui ren-
doient leurs oracles dans le fond des Déſerts.
Ses amis deviennent illuſtres, chers à la partie éclairée de la Nation, comme étant les
canaux qui communiquent ſes réponſes. La
célébrité devient le partage de quiconque lui
eſt attaché; mais DESCARTES a des amis ſin-
céres, parce qu'un cœur droit & ſenſible en
rencontre toujours, & que les méchans ſeuls
calomnient l'amitié.

C'eſt du ſein de la Hollande qu'il préſide à
l'empire de la Philoſophie. Il en eſt le Chef
reconnu; car les vrais Sçavans le dédomma-
geoient de l'indifférence de ſa Nation: c'eſt
de-là qu'il entretient une correſpondance
avec preſque tous les grands-Hommes de ſon

Siécle ; c'eſt de - là qu'inviſible & préſent à
tous les événemens qui intéreſſent l'eſprit humain, il eſt l'ame cachée des plus importan-
tes découvertes. Ses Lettres, qu'il prodigue ,
embraſſent mille connoiſſances particuliéres ;
elles contiennent le germe de pluſieurs Ouvrages, Ce ſont des penſées enveloppées les
unes dans les autres ; des vûes profondes &
nettes ; des projets hardis, nouveaux , & qui
ne ſont pas impratiquables ; il inſtruit ; il
éclaire , ſans affeĉter une ſouveraineté que les
plus éclairés ne lui diſputent pas ; il fait entendre une voix, qui, ſoutenue par l'autorité
de la Raiſon, eſt toujours viĉtorieuſe. On le
compare à une de ces Intelligences céleſtes ,
qui répandent à pleines mains leurs bienfaits
ſur l'humanité, & que l'œil n'apperçoit pas.

Un Philoſophe, ſans avoir la puiſſance des
Rois , fait ſouvent plus de bien qu'eux.
Échauffé de l'amour de l'Humanité, qui n'eſt
pas un nom ſtérile dans ſa bouche , DESCAR-
TES s'applique long-temps aux Arts Méchani-
ques ; loin d'en mépriſer la pratique , ce Génie , aĉtif & rapide , la regarde comme la
branche la plus importante de la Philoſophie ;
loin de lui ce préjugé orgueilleux, qui fait

des contemplateurs inutiles, & d'oififs rai-
fonneurs. Épargner la peine des hommes &
ces rudes travaux, plus faits pour la brute que
pour l Etre intelligent, augmenter leur nombre en multipliant leurs bras, foulager leur
foibleffe opprimée ; voilà les nobles motifs
qui l'animent. Ils lui font chérir un travail
obfcur ; &, ce qui feroit remarquable, fi je
ne parlois d'un vrai Philofophe, lui font facri-
fier un temps pris fur une gloire plus éclatante. Mon œil ne peut plus le fuivre dans
les différentes carrieres où fon Génie s'élance,
fa marche eft trop rapide ; tel qu'un tourbil-
lon qui rafe des plaines immenfes, il a franchi
l'efpace avant qu'on l'ait reconnu. Il fe croi-
roit coupable d'un larcin envers la Société,
s'il manquoit à lui faire part des moindres
fruits de fes Méditations & de fes Expériences. Je le vois examiner la ftructure du Corps
humain, ce chef-d'œuvre vivant, où l'œil
s'étonne, où le Génie fe confond, où l'admiration nous fait lever les mains au Ciel ; je le
vois analyfer les opérations de cet Art, qui
nous découvre un nouvel Univers fur les
bords du néant. Il n'ouvre point d'autre livre que celui de la Nature ; &, que tout autre

près de celui-là est petit ! L'Art qui guérit nos maux l'arrête à son tour : cette science seroit, selon lui, beaucoup plus salutaire, si elle s'attachoit à les prévenir, au lieu d'agir lorsque la douleur est venue. Attentif à tout ce qui peut diminuer la foule des maux attachés à notre misérable nature, je le vois estimer audacieusement l'action des divers élémens qui influent sur notre frêle machine.

Quel est donc ce Génie extraordinaire, qui pénétre tout ce qui est ? Qui l'a élevé au-dessus des Hommes ? Comment a-t-il plané dans ces régions sans bornes ? Il a demeuré vingt ans enfevelis dans la plus profonde retraite, méditant sans cesse, concentrant toutes les forces de son esprit, sur des objets sublimes qui servoient encore à l'aggrandir. Jeune, & cependant pénétré de ses devoirs, fentant qu'il étoit responsable des talens que Dieu avoit daigné lui accorder, il avoit promis à ce Dieu, qui lit dans les cœurs, de ne travailler que pour sa gloire, & l'utilité du Genre-Humain. DESCARTES fut fidele à son serment. O joie, ô transport, qui ne sera fenti que du Philosophe ! Les nuages font enfin dissipés : il luit ce jour pur. DESCARTES a découvert cette Vérité primitive & féconde, si long-temps cherchée. Elle va devenir la base de sa Philosophie. L'existence des corps est moins assûrée que l'existence de notre ame; la partie de nous qui conçoit, qui veut, est nous-mêmes. Je pense; donc je suis, s'écrie DESCARTES? Il apperçoit les conséquences de ce principe lumineux; il va marcher à pas de Géant. Après avoir posé sa propre existence, il réfléchit sur lui-même : peut-il se dissimuler qu'il est un être imparfait, sujet à l'erreur, foible & dépendant? Son Ame, aussi-tôt, conçoit l'idée d'un Être indépendant, parfait, exempt de foiblesse. D'où lui viendroit cette idée immense & profonde d'un Être infini, cette idée sublime de perfection, si ce n'étoit de celui qui existe par lui-même? Ainsi ce Philosophe s'éleve jusqu'à Dieu; cette conviction intime de l'Essence Suprême, ne pouvant lui être inspirée que par l'Auteur de toutes choses, incapable de le tromper. Que tout homme imite d'abord le doute méthodique & préparatoire de DESCARTES; qu'il fonde son Ame, il verra nécessairement en découler ces principes certains qui ont le trait de l'évidence.

DESCARTES achéve son triomphe, &
renverse d'un souffle les systèmes des raisonnemens impies. Le Hazard, ce vain nom qu'on
avoit crée Roi de l'Univers, n'ose plus repa-
roitre. La force & la clarté de ses preuves
égalerent celles des démonstrations mathématiques. Il lie ses idées, en dresse la chaîne
immense, l'attache au premier être, la fait
descendre jusqu'aux êtres visibles & embrasse
l'infini. DESCARTES avoit quarante ans lorsqu'il livra le premier fruit de la maturité de son
Génie. Il pensoit qu'il étoit ridicule de parler
aux hommes, si cè n'étoit pour leur présenter
quelque chose d'utile ou de grand. Il publie
son *Discours sur la Méthode.* Ce fut un trait
rapide de lumière qui pénétra tous les esprits.
C'est-là qu'on le voit former le véritable Art
de Penser, écarter d'une main sûre les préjugés comme des ombres fantastiques, préparer l'esprit à n'adopter que ce qu'il conçoit
clairement. Il converse familierement avec son
lecteur; il lui rend compte de ses études, de
sa marche, de ses erreurs, des écarts de son
imagination, du frein puissant qu'il lui impose;
il marque les écueils; il indique le port de
la vérité; il ne dissimule pas les obstacles

qu'il faut vaincre, les chimères qui occupent
le paſſage; il régle la bouſſole du jugement,
& apprend aux hommes à s'en ſervir. L'Europe fut tranſportée, d'un Ouvrage où l'on
trouve la force & l'autorité de la raiſon, où
l'ame, élevée au-deſſus d'elle-même, goûte les
délices pures de la vérité. Elle y admira cette
ſage hardieſſe éloignée de la licence, cette
indépendance généreuſe qui plait même à
l'homme eſclave, ce courage ſi rare d'attaquer les opinions vulgaires ſans faſte &
ſans orgueil. On adopta généralement ces
notions indubitables qui deſcendant à des
conſéquences certaines, renverſent les argu-
mens les plus captieux, démêlent les ſo-
phiſmes les plus ſubtils, & ramenent tout aux
régles fondamentales du raiſonnement.

Tout parfait qu'étoit cet Ouvrage, DES-
CARTES l'avoit proportioné à la foibleſſe de
l'eſprit humain, encore envéloppé de ſes lan-
ges. Il vouloit par dégrés le préparer à recevoir des ſucs plus ſolides. DESCARTES fait
imprimer ſes *Méditations*. J'oſerai dire qu'il
fut le premier Philoſophe qui nous découvrit
diſtinctement un monde intellectuel. Avant
ce temps nos idées étoient confuſes, nous
n'appercevions

n'appercevions que ce qui tomboit fous nos fens. DESCARTES parle & démontre que l'efprit s'apperçoit lui-même ; qu'il eft impoffible qu'il en doute, lorfqu'il fent & ce qui lui appartient, & ce qui ne lui appartient pas. Il fait voir que ce qui eft étendu ne peut avoir rien de commun avec ce qui penfe ; que les modifications de l'un ne peuvent pas être celles de l'autre. L'étendue & la matiere ne feront jamais capables d'une penfée ou d'un raifonnement ; c'eft l'opération pure d'un Être fpirituel, qui a une idée nette & diftincte, différente de la conception des corps ; & cette idée établit invinciblement fon immatérialité. DESCARTES reconnoît l'ame de l'Homme, émanée de Dieu même, noble dans fon origine, douée de liberté par fon Auteur, laquelle penfe, fe détermine, agit volontairement. Son immortalité eft une fuite néceffaire de ces principes. Eh ! ne doit-on pas embraffer avidement cet heureux fyftême ? Tout autre n'eft-il pas trifte, affreux, faux dans fon principe, dangereux dans fon exécution, en ce qu'il ôte tout efpoir à l'homme, tout motif à la vertu, toute crainte falutaire au crime. Ce Philofophe religieux, pénétré de la gloire de

C

la Divinité, s'écrie, en contemplant fon ame :
Je te fens en moi - même, ô puiffance infi-
nie, fuprême Architecte de l'Univers, éternel
Créateur affis fur le temps; toi, qui de la
Terre & des Cieux animes & foutiens l'ordre
immuable; toi, par qui les flambeaux du Ciel,
femés dans l'efpace, ont commencé leur vafte
carriere. Efprit, qui dans le nôtre as daigné
exprimer ton Image; Auteur de la Nature, je
viens admirer fes Loix fublimes & fécondes;
je viens t'adorer, en contemplant cet Univers qu'à fait naître le fon de ta voix! Mortels! proſternez-vous, avec DESCARTES,
devant celui qui eft. Imitez le refpect profond de ce Philofophe; il n'ofe déterminer
même philofophiquement les bornes de la
Puiffance Divine. S'il éléve fes regards vers
ce Thrône élevé fur les Cieux, fa penfée fe
trouve engloutie dans l'immenfité de l'Être
Suprême. Le Pirrhonifme prétendoit tout ren-
verfer; DESCARTES porta le flambeau fur ce
monftre, & découvrit fa difformité; les Sages
détournerent les yeux avec horreur. Digne
interpréte de la Raifon, DESCARTES aggrandit nos idées, épura notre goût, perfectionna
notre ame. C'eft dans ce même Ouvrage,

qu'emporté par la méditation, loin des objets
fenfibles, il avança que les Animaux ne font
pas foumis à la loi de la fenfibilité, & que
leurs mouvemens font purement méchani-
ques; opinion d'autant plus profonde, qu'elle
femble démentir l'expérience. Mais fi elle
révolte les efprits vulgaires, elle fufpend en
même-temps le jugement des Métaphyficiens,
& elle annonce un Philofophe dégagé de toutes les vaines apparences, également frappé
de la dignité de l'Homme, de la juftice de
Dieu, & de la vérité de la Religion.

Le Génie de DESCARTES n'étoit pas né
pour s'arrêter. De ce monde intellectuel, il
defcend dans le monde phifique. Quel eft cet
Univers? quelles font fes loix, fa marche, fon
origine? D'où naît cette uniformité conftante
qui régne dans le gouvernement du monde?
Quels font les refforts qui mettent en jeu la
Nature? Voilà les énigmes fublimes livrées à
la fagacité de l'Homme. Scrutateur des phénomènes généraux & particuliers, DESCAR-
TES approfondit les principes, les combine
avec les faits, & en déduit des conféquences
neuves. Galilée avoit découvert le véritable
mouvement de la Terre; il avoit fecoué le

joug qu'on impofe vainement aux Philofophes, & avoit fait paroître cette généreufe
liberté fi utile au monde, & fi dangereufe à
lui-même. Copernic, après avoir détruit des
erreurs auffi anciennes qu'accréditées, avoit
trouvé le vrai fyftême de l'Univers; c'eft en
les honorant, que DESCARTES apprend à les
furpaffer. L'émulation l'enflamme; fon Génie
fent fes forces, & ofe tout fe promettre. Il
ne tente pas moins que de furprendre tous les
fecrets de la Nature, & d'expliquer la formation de l'Univers.

O Génie audacieux! tu dis dans ta penfée :
Je me tranfporterai fur les bords de l'informe
cahos; je contemplerai la matiere morte,
inactive, inanimée. Témoin des premieres
loix du mouvement, je faifirai les premieres
caufes; je me donnerai le fpectacle de la
Création; &, placé à côté du Créateur, au
moment que l'Univers fortira de fes mains
fécondes, planant avec lui fur tous les êtres,
créés, je ... Eh quoi! ton œil hardi foutient,
fans baiffer la paupiere, ce fpectacle étranger à l'œil d'un Mortel. Tu lis, tu ofes lire le
plan univerfel du monde, tracé d'une main
Divine! D'une feule volonté, Dieu a déter-

miné, pour les Siécles, la fabrique des Sphè-
res immenses, le cours des Aftres, la marche
des Corps céleftes. Ils obéiront toujours avec
la même exactitude ; & les mêmes caufes phy-
fiques feront décrire aux Planettes les cour-
bes fur lefquelles elles fe meuvent autour du
centre de leur révolution. Que font les premiers Élémens de la Nature ? Des particules
preffées, qui ne laiffent pas le moindre vuide
entre elles. La main de Dieu, qui les a
créées, leur imprime le mouvement. Elles
tournent ; elles fe brifent ; elles forment trois
élémens ; elles fe modifient felon les différens
moules ou filieres où elles paffent ; & , d'a-
près les loix immuables de la Géométrie ,
DESCARTES reçonnoît qu'elles ont dû s'ar-
ranger telles qu'elles font fous nos yeux , &
former des Terres, des Soleils, des Cometes.
Mais, il eft une matiere fubtile, qui remplit
l'Univers, qui pénétre les Corps, qui les
rend ce qu'ils font, à mefure qu'elle s'infinue,
qu'elle agit dans les intervalles des parties
élémentaires dont ils font compofés ; les Phy-
ficiens reconnoiffent fa préfence , & l'Univers eft un grand tout, formé de tourbillons
énormes, qui, réciproquement balancés, fe

prêtent un mutuel équilibre. Au centre de
chacun de ces tourbillons eſt placée une
Étoile fixe, autour de laquelle circulent des
Planettes, qui, pour la plupart, ſe ſont fait
comme une cour de Satellites. Ainſi, d'une
ſeule cauſe, naiſſent tous les effets viſibles ;
ainſi, les loix qui aſſerviſſent les Aſtres er-
rans dans les déſerts de l'eſpace, dérivent de
la formation de ce monde. Sublime à l'inſtant
même où il s'égare, DESCARTES donne à
l'Homme étonné un ſyſtême nouveau, hardi,
vraiſemblable.

C'eſt peu ; comme ennuyé du ſéjour de la
Terre, & d'une ſcène uniforme & journalie-
re, il s'éléve à travers les vaſtes pleines de
l'Air, pourſuit les Aſtres dans leur cours rapide, parcourt l'immenſité des Cieux, entre
au ſein des tourbillons qu'il a créés, les lie
entre eux, les fait mouvoir, les fait tourner,
meſure leurs balancemens, & leurs forces réciproques & contraires. Il fait voir dans quel
ſens ils ſont emportés, comme ils ſe meuvent,
comme ils agiſſent les uns ſur les autres. Il
prend un nouvel eſſor, il ſe proméne autour
du Soleil, il fixe ce thrône de feu, qui met
en action cette lumiére brillante qui remplit

le monde. Il contemple, & ſes jeux variés &
ſes tableaux changeans, & la magie de ſes
couleurs. Bientôt ſon imagination, aggrandie
par ſa propre hardieſſe, s'élance dans ces dernieres concavités des Cieux, où volent ſans
route fixe des mondes enflammés, des mondes inconnus. Placé au centre de ces régions
illimitées, il fixe ce nombre infini d'Étoiles ;
il oſe chercher entre elles un ordre, un rang
marqué. Il attend que de ce point de vue élevé, le ſyſtême général des êtres vienne frap-
per ſon œil attentif! C'étoit à toi, DESCAR-
TES, qu'il appartenoit de le découvrir ; tu ne
l'as pas fait : des générations entieres s'écoule-
ront, & le voile impénétrable ne ſera point
levé.

Que ceux qui connoiſſent la marche de
l'Eſprit humain, toujours lente & bornée,
toujours traverſée par mille obſtacles ; que
ceux-là, dis-je, prononcent. Ce grand-Homme pouvoit-il faire plus, dans un temps où
les Obſervations Aſtronomiques n'étoient pas
en affez grand nombre, pour s'oppoſer aux
erreurs du Philoſophe courageux, qui s'avan-
çoit ſeul dans cette vaſte carriere. Par-tout
ſon Génie domine, & doit faire l'admiration

de ceux mêmes qui le combattent. Aidé de
ſes travaux, on a pu mieux voir, parce qu'il
a marqué les précipices, & nous a enſeigné à
les éviter. DESCARTES reſſembloit en audace à celui qui, ſans guide, avoit le premier
touché le nouveau monde. On l'a parcouru
depuis; mais la gloire de la découverte ne lui
en eſt pas moins demeurée. La Phyſique, ſur-
tout, eſt ſujette à des révolutions qui font
honneur à l'Eſprit humain. Quelle complica-
tion d'énigmes; &, depuis que l'Homme curieux raiſonne, quel débris de ſyſtêmes détruits par des ſyſtêmes! Où eſt celui de nos
jours, qui porte avec ſoi ce trait de lumiére
qui ſubjugue l'entendement, cette évidence
victorieuſe, qui ne laiſſe aucune ombre dans
l'eſprit? Il faut peut-être épuiſer mille hy-
pothêſes ingénieuſes & profondes, avant
que la Vérité ſimple ſe préſente d'elle-même.
Honorons encore les Philoſophes qui ſe trompent, ſi leur erreur même a été utile au Genre-Humain.

Cependant la Doctrine de DESCARTES
triomphe. Les Eſprits les plus éclairés l'adop-
tent. Sa Méthode, fondée ſur les principes
les plus certains, étoit généralement reçue.

Créateur de la faine Métaphyfique, il avoit révélé une portion des vérités éternelles ; mais fon fyſtême du monde préfentoit un côté foible. Il trouva un adverfaire puiſſant. La Nature fit un fecond effort. Newton parut. Newton marcha avec toutes les forces de l'Efprit humain ; difons plus, avec celles de DESCARTES. Il admira, & en même-temps détruifit ce fameux fyſtême. Il s'avança d'un pas plus aſſuré ; mais c'étoit dans les ſentiers lumineux que fon rival avoit tracés. Je vois ces deux Génies, comme deux Aigles élevés à une immenſe hauteur. L'œil ne peut plus comparer leur vol. Si DESCARTES· ouvrit la carriere', Newton fçut la remplir. L'un, habile Phyficien, fut le premier Géométre ; l'autre porte la Géométrie au plus haut degré. Le premier, fatisfait au premier coup d'œil ; mais les détails font crouler fon fyſtême. Le fecond part d'un principe obſcur ; mais à mefure qu'il entre dans les détails, la lumiére luit, & brille enfin dans tout fon éclat. Le Philofophe François vouloit ramener à un feul point les effets les plus compliqués, & rien ne paroiſſoit plus clair. Le Philofophe Anglois remonte, par l'examen des phénomènes, à un principe inconnu, mais qui paroit certain. Celui-ci, ardent, impétueux, voulut deviner la Nature; celui-là, tranquille obſervateur, décompoſa l'Univers, étudia ſes reſſorts, & combina leurs jeux mutuels. DESCARTES avoit la hardieſſe & les écarts de l'invention. Newton, appuyé ſur de nouvelles Expériences, ſuivit patiemment les Obſervations les plus délicates, & tous les phénomènes céleſtes ont ſemblé ſe plier d'eux-mêmes aux loix qu'il leur avoit indiquées dans ſes hardis calculs. Tous deux cherchoient la vérité avec un zèle ſans prévention, & la déſiroient ſans orgueil. Le réſultat de leurs Obſervations fut abſolument contraire. Où l'un ſentit le plein, l'autre reconnut le vuide. On entre dans l'Ecole du premier ſans étude. Pour oſer ſuivre le ſecond, pour avoir la clef de ſon merveilleux ſyſtème, il faut être initié dans la plus ſublime Géométrie. L'un fut plus hardi, plus fier, plus original; l'autre plus ſage, plus vrai, plus heureux.

La gloire de DESCARTES n'eſt point effacée par celle de Newton. Tous deux méritent reſpect de la Terre. Peut-être ſi DESCARTES

revivoit, ce Philofophe, ami du vrai, avoue-
roit fa défaite; quoique vaincu, il n'en eft
pas moins grand, & le nom de Newton eft celui qui reçoit le plus d'éclat affocié au nom
de DESCARTES. O Mort! tu as dévoré ces
deux grands-Hommes. Ils n'entendent pas les
cris de notre reconnoiffance. Leur gloire fub-
fifte; & ils ne font plus. O Mort! tu glaces la
main du Génie qui éleve l'édifice des Sciences, comme celle de l'obfcur malheureux qui
bâtit une chaumiere! Tu as encore borné les
jours de DESCARTES. La Nature fembloit
craindre qu'on ne lui arrachât fes fecrets, &
qu'un Mortel ne s'élevât au-deffus d'elle. Re-
grettons trente années dérobées à la perfection de l'Efprit humain. Ne nous étonnons
plus, fi, après fa mort, on l'a regardé comme
un demi-Dieu. Renfermant en lui feul tous
les talens de l'Efprit pur, pénétration, jufteffe, invention, folidité, méthode, fubju-
guant par la force & la clarté de fa penfée,
il infpiroit cet enthoufiafme d'admiration qui
paroît ridicule aux ames froides, mais qui
échauffe les ames nobles, nées pour le grand,
dignes de fuivre le vol du Génie. Eh! qui a
rendu à l'Homme de plus grands fervices?

C'eſt de lui que nous tenons cette précieuſe
liberté de Penſer, dont ſes Ouvrages nous
ont donné l'exemple, & qui a corrigé tant
d'erreurs, redreſſé tant d'abus, déraciné tant
de préjugés ennemis de la paix & du bonheur, qui étoient conſacrés par leur folie &
leur ancienneté. Nous ne ſommes plus, graces à lui, dans les ténébres de l'Ecole, & ſous
le joug humiliant des Scholaſtiques. Béniſſons
cette inquiétude précieuſe de l'Eſprit, qui ne
le laiſſoit pas repoſer, juſqu'à ce qu'il eut découvert l'objet qu'il pourſuivoit, quelque dé-
guiſé, quelque caché qu'il put être. Chériſ-
ſons la forte patience de ſa penſée, ſa pénétration attentive, ſa ſagacité admirable, &
ſur-tout cette noble indépendance qui lui fai-
ſoit porter ſon vol ſur les ſommets les plus
élevés. C'eſt-là qu'il aimoit à repoſer; c'eſt
de-là qu'il paroiſſoit fier d'entraîner le genre
humain au niveau de ſon Génie. La région
des idées étoit ſon empire, & elle n'a jamais
eu de plus grand ſouverain.

Avec tant de talens DESCARTES eut des
Vertus auſſi rares. C'étoit peu de porter à
l'Homme des lumiéres nouvelles; il lui en-
ſeigna encore la Science des mœurs, lui mon-

tra fes rapports avec l'Etre Suprême, l'inftrui-
fit de fes devoirs, lui préfenta des régles fûres
de conduite. Tous les fyftêmes, enfans de l'o-
pinion, paffent; mais la morale fublime, inaltérable, demeure. Elle eft la connoiffance la
plus effentielle à l'Homme. Je vais expofer
la Morale de DESCARTES; je peindrai l'héroïfme de la Vie privée de ce Philofophe.
Elle fera une leçon pour quiconque afpire à
la gloire de porter ce nom.

SECONDE PARTIE.

QU'EST-CE que le Philofophe au milieu
du Monde? Un Sage, qui vit loin de la foule, qui, dans la retraite, occupé de grands
objets, fe confume pour l'utilité du Genre-
Humain, lui devient utile fans intérêt, & mé-
connu ou méprifé du vulgaire, paffe à fes
yeux pour un Homme infenfé ou oifif. Il eft
fans ambition, & on le dédaigne; il ne vit
pas comme tant d'autres Hommes, & on le
couvre de ridicule. Il ofe dire la vérité, & on
lui en fait un crime qu'on punit. Des efclaves,

qui n'ont que des idées de fervitude , vou-
droient le charger des chaînes qu'ils portent ,
& l'avilir comme eux. Entouré d'ames foibles
& méchantes , perfécuté par des hommes
ignorans & fuperbes , expofé aux coups renaiffans de l'envie , qui fe venge de fa baffeffe , quels ennemis n'aura-t-il pas à combattre ? Quel bouclier oppofer à des furieux, qui,
ceints du bandeau de l'opinion, profcrivent
fes talens , & ne font point attendris par fes
vertus. Mais au milieu de fes revers, oubliera-t-il que fon courage doit foutenir la juftice de fa caufe , oubliera-t-il que la perfé-
cution paffe, que la vérité demeure, qu'il l'a
doit à lui-même, aux fiécles futurs, que fon
devoir enfin eft d'être généreux, même envers des ingrats. Non , il fera ferme , inébran-
lable pendant l'orage , parce qu'il aura parlé
d'après fon cœur, & que toutes fes vues au-
ront été droites & pures ; il fe refufera au
menfonge & au reffentiment; il facrifiera fon
propre intérêt à un intérêt plus fublime ; il
confervera l'égalité de fon ame , tandis que
fes adverfaires fe livreront volontairement à
la fureur, à l'injuftice & à l'ignominie.

Tel fut DESCARTES pendant une vie

célébre & orageufe. Soumis à la loi terrible
qui opprime le grand-Homme fous le bras du
perfécuteur, il conferva toujours un cœur
exempt de haine & de crainte. Il avoit découvert les thréfors de la Science ; il fçut ac-
quérir les vertus de la Sageffe. Il fut grand
dans fa vie privée, éloge appliquable à un
très-petit nombre d'Hommes célébres. C'eft-
là cependant que confiftent la véritable gloire & la vraie vertu de l'Homme ; c'eft-là que
les devoirs plus pénibles, plus multipliés, plus
fuivis, ont quelque chofe de plus héroïque
comme de plus rare. Ceux qu'on décore du
nom de Héros brillent fur la fcène de l'Univers. Auffi, fouvent n'ont-ils que des vertus de
Théâtre ; ils font grands lorfqu'ils repréfentent, parce que l'orgueil les foutient dans
leur Rôle ; mais dès que l'œil public n'anime
plus leurs actions, ils s'exemptent de vertus
difficiles, & méprifent des devoirs obfcurs.

Inconnu ou célébre, DESCARTES fut
toujours le même. La beauté de fon ame eft
marquée dans tous les inftans de fa vie ; fa
fimplicité ne fe dément point ; fes vertus fub-
fiftent dans l'ombre, préférables fans doute
à ces faits éclatans & paffagers, qui, comme

les décorations des Tombeaux, cachent des corps en proye à la pourriture. Point de contradiction entre ses mœurs & ses principes. Ce que sa main écrit, son cœur le pense. C'est une intime persuasion, un amour sacré du vrai, qui le font & parler & agir. Il ne veut pas séduire par les prestiges d'une orgueilleuse éloquence; il veut éclairer sans faste & sans pompe. Diriger les mœurs de l'Homme & les siennes propres d'après les régles de la justice, le faire triompher de sa foiblesse, en lui montrant toutes les forces & les ressources de son ame, l'annoblir, afin qu'il soit plus vertueux; voilà le but que se propose DESCARTES. Malheur à l'Écrivain, dont le système n'est qu'un vain jeu de l'esprit, qui proclame des maximes qu'il ne croit pas, qui se joue de la vertu par un faux hommage; il ment à son siécle & à son cœur, il est dangereux & vil, hypocrite & lâche, mais il n'abuse pas long-temps; il démasque tôt ou tard sa fausseté, & l'histoire de sa vie rend méprisable sa personne & ses Ouvrages.

Que la Morale de DESCARTES a de force, soutenue de la sublime leçon de l'exemple! Si, comme nous l'avons dit, la premiere
qualité

qualité de l'efprit eft l'amour du vrai, un
caractère vrai, n'eft pas moins eftimable. Tel
eft le trait diftinctif de l'ame fupérieure &
philofophique de DESCARTES. De-là cette
vérité qui donne du poids à fes difcours les
moins étudiés, cette grandeur qui perce à
fon infçu & fait autorité. DESCARTES n'a
pas befoin du ton affirmatif; il parle, & on
eft perfuadé; il ne fçait point flatter, & on
s'empreffe autour de lui; on aime mieux la
raifon févere dans fa bouche, que la molle
indulgence dans la bouche d'autrui. On n'ofe
lui offrir le poifon fi commun de la louange,
on fent que fon ame eft au-deffus d'elle, &
connoît tous les piéges & les détours de
l'amour propre.

O Philofophes! la fortune & les méchans
vous ont tout ravi; mais un Dieu confolateur
vous a laiffé l'amitié: elle vous appartient
cette amitié qu'enfante le goût de la Vertu;
ce fentiment qui vous rapproche & donne
naiffance aux pläifirs les plus délicats, ce
commerce délicieux qui concilie vos idées,
affortit vos vues, confond vos penfées. Dans
un âge bouillant où le plaifir feul raffemble
les hommes, DESCARTES les eftime, les

D

honore, pour leurs lumieres & leurs vertus.
Il se lie déjà de cette amitié ferme & durable,
qui annonce une ame forte & sensible. Au
mérite d'avoir sçu distinguer des amis dignes
de lui (car le sentiment égare quelquefois
les bons cœurs), il joignit le mérite plus
rare encore de se les conserver, de se les
attacher chaque jour davantage, jamais avec
eux il ne se revêtit de sa gloire, il oublia
souvent en eux les fautes de l'homme, pour
ne voir que les vertus de l'ami.

Dévoré de la soif des connoissances, doué
de cet instinct curieux qui se nourrit de mille
objets, DESCARTES méprisa de bonne-
heure ces trésors de convention qui deviennent vils dès qu'on ose les dédaigner.
Son ambition est d'être plus éclairé & plus
vertueux. Il embrassa donc l'indépendance,
premier ressort de l'ame, élément du génie,
partage nécessaire du Philosophe, souveraine
félicité, pour quiconque pense. Tout homme, il est vrai, se doit à l'État. Membre de
la Société, mille bras agissent pour lui, il
doit agir pour eux. Mais, parce que le vulgaire n'apperçoit pas les travaux du Philosophe trop étendus pour sa vue foible, ils n'en

font ni moins réels, ni moins utiles à la
Patrie entiére. C'eft le Philofophe qui accu-
mule les vraies richeffes de l'homme, c'eft-
à-dire fes lumieres : c'eft lui qui chaffe fon
ennemi le plus redoutable, c'eft-à-dire l'ignorance. C'eft lui qui imprime une dignité, une
force nouvelle à la faintcté des Loix. C'eft
lui qui a une influence fecrette & puiffante
fur les efprits, & qui leur commande, non
avec l'autorité des Rois, mais par l'autorité
de la raifon. Ces nobles motifs qui animent
DESCARTES, ne lui infpirent que des idées
falutaires & conformes au bien public. Chargé
de l'emploi, fans contredit, le plus important, il brife tous les liens nuifibles au progrès
de la raifon. Ces entraves que les hommes
fe forgent, lui parurent les nœuds tiranniques qui captivent leur jugement, fafcinent
leurs yeux des trompeufes lueurs de l'intérêt,
& les afferviffent à des préjugés inévitables.
Supérieur à la fortune, & foumis à fon Génie,
il voulut jouir des droits d'un être libre. Il a
trouvé le fecret heureux de méprifer ce qui
fait l'ambition des autres, eft-ce à lui de porter une chaîne fervile ? Que fa Famille ofe le
juger, qu'elle condamne le noble emploi de

fon tems , qu'elle éleve les cris que dicte la
cupidité , il n'en fera pas moins modéré ,
moins fage , il ne s'agitera pas plus , pour
fuivre ces faux biens qui trompent fans défa-
bufer. Son Génie abandonnera-t-il cette région lumineufe & pure où il eft créateur,
pour defcendre époufer ces petits intérêts ,
ces petites paffions qui rendent l'homme vain ,
bizarre , minutieux. Quel fpectacle plus touchant que le rapport de toutes les penfées ,
de toutes les actions de ce Philofophe vertueux , à une fin affortie aux dons du Créateur, à fes goûts, à fes talens, à l'avantage de
l'humanité , à fon propre bonheur ! Et on le
blâme de fe fuffire à lui-même , parce que fon
bonheur eft trop indépendant du regard des
hommes ; & on voudroit le voir tourmenté des
mêmes agitations qui tirannifent le vulgaire ,
parce que fa vie eft un reproche, & fa conduite
une fatyre. Le fanatifme , l'ambition , la dif-
corde mettent tout en feu autour de lui , &
le Philofophe eft tranquille. La farouche Envie
l'apperçoit alors, comme le Jupiter d'Homere,
qui , affis fur le fommet radieux de l'Olimpe ,
nageant dans une immortelle lumiere, tourne
fes regards fur des campagnes délicieufes ,

tandis que sous ses pieds d'insensés furieux, le fer en main, s'égorgent dans une nuit sombre.

Avec cette élevation d'ame, d'où lui venoit cette force supérieure, qui sçavoit combattre ses propres défauts, réformer ses pensées, surmonter ses penchans? Avant d'éclairer les autres, DESCARTES apprit à se vaincre lui-même. Il fit servir les principes de sa Philosophie Morale, à rectifier son esprit. Tel le sublime Orphée accordoit d'abord l'instrument dont il devoit adoucir par la suite les sauvages habitans des bois. Son génie ne s'arrête plus sur ces arrides combinaisons qui amusent l'indolence oisive. DESCARTES n'a plus une coupable indifférence pour le vol rapide du temps. Il n'éprouve plus un dépit orgueilleux, lorsqu'il se sent arrêté dans son essor. Il comprit que la vérité méritoit tous nos efforts, & surtout notre attente. Ainsi le chêne superbe, courbé un instant sous la vague terrible de l'air, se releve plus fier & plus affermi du coup de la tempête. DESCARTES avoit parcouru le cercle des sciences, il avoit fait plus, il avoit reconnu leur inutilité, si elles ne sont pas liées à l'étude des mœurs. Cet esprit juste & vrai découvrit que ce qu'il

importoit le plus à l'homme de sçavoir étoit
la relation, l'enchainement, & l'étendue de
ses devoirs, que toute connoissance enfin
étoit vaine, si elle ne tournoit pas au profit
de la vertu. Principes féconds de la plus belle
morale, vous êtes devenus entre ses mains,
une leçon pour l'humanité; DESCARTES vous
a développé d'après son ame sublime ! Ecrits
précieux ! c'est vous qui pourrez détruire les
principes de nos regrets, de nos chagrins,
de nos inquiétudes, en détruisant les principes de notre orgueil & de nos erreurs. Vous
nous apprenez à nous connoître, à nous re-
concilier avec nous-mêmes; vous nous apprenez à apprécier tous les biens qui nous
environnent ; à séparer leur usage de leur
abus, à régler nos volontés sur les loix immuables de l'ordre & de la justice; vous nous
montrez le bonheur solide & durable dans
l'exercice de la bienfaisance. C'est par cet
exercice que nos facultés s'épurent, & que
nous portons un œil satisfait sur des jours dignement emploiés. Utiles écrits, votre force
est toute dans cette douceur éloquente, qui
est autant le langage du sentiment que celui
de la raison.

Ce ne font donc point des préceptes rigoureux & impraticables que DESCARTES
nous prefcrit. Il n'a pas l'oftentation fuperbe
d'un déclamateur chagrin. Il n'injurie pas la
race trompée des hommes, il ne fourit point
avec amertume de leurs défauts, & fe fert
encore moins de l'arme revoltante & inutile
du mépris. Eh n'eft-ce point affez de dévoiler
les charmes de la vertu pour en rendre ido-
lâtres les cœurs nés pour elle ? N'eft-ce point
là fon plus fûr triomphe ? Quelles leçons elle
donne aux hommes par la bouche de DES-
CARTES ? Ma main feroit ici un vain effort
pour ne les point retracer.

Obéiffez aux loix & aux coutumes de votre
pays, & qu'elles foient facrées pour vous.
Soyez enfant de la patrie. Votre gloire &
votre bonheur font dans fa force, & fa force
dépend de votre attachement. Songez que tout
ce qui trouble la paix eft dès lors criminel.
Ainfi DESCARTES éteint à la fois les torches
du fanatifme & de la rebellion, & pofe les
fondemens de la fûreté des États. Il donna
l'exemple du précepte. Dans le vol le plus
hardi de fes penfées, il ne fut point téméraire.
Il avoit fans ceffe devant les yeux la fainteté

inviolable des loix. On le vit confulter les
Juges les plus difficiles, fur les conféquences
mêmes éloignées qu'on pouvoit tirer de fes
principes, & prévenant ainfi les efforts des
méchans, fonger à leur épargner des crimes.
Il facrifia plufieurs de fes opinions à l'amour
de l'ordre & de la paix ; facrifice que tout
Philofophe devroit faire avec une forte de joie.

Soyez fermes & réfolus dans toutes vos entre-
prifes, & pour mieux arriver à votre but, foyez
un. Evitez cet état de foiblefle & d'incertitude
où l'ame balance & s'affaiffe dans l'inaction.
Agiffez avec courage & fans regrets, lorfque
vous aurez vu que vous devez juftement agir.
C'eft la pareffe qui s'oppofe au bien, c'eft
elle qui tue les vertus. Suivez donc vos projets
avec activité. L'ame foible ne tarde pas à être
vile. Quel Philofophe eut, fi je l'ofe dire,
une opiniâtreté plus admirable que celle de
DESCARTES. Il s'emprifonna trente années,
creufant fans relâche l'abime des fciences,
fans être abattu ni par l'immenfité des chofes,
ni par l'hidre des obftacles, ni par la rage des
perfécuteurs, ni par le filence de la nature
fi accablant pour l'homme, qui fans ceffe veille
& l'interroge.

Mortels, atômes imperceptibles, votre vue
eft bornée. Qu'ofez-vous prononcer fur l'éternelle fageffe ? Pouvez-vous vous établir Juges
entre le Souverain de la Nature & fes œuvres ?
Adorez , & ne murmurez pas. Les décrets
éternels doivent-ils changer au gré de vos
defirs. Changez votre volonté, il vous fera
plus facile de vous vaincre que de dompter
le cours des événemens. Foibles créatures!
Dieu vous tient dans la dépendance & la
crainte. Votre dépendance néceffaire, votre
crainte refpectueufe , vous formeront aux
vertus, fi vous faites ufage de votre raifon.
Rien ne vous appartient ici-bas que votre
penfée, refpectez ce don heureux, image de
l'intelligence fuprême de qui vous le tenez,
& ne l'aviliffez pas par de coupables mur-
mures. Le refpect que DESCARTES avoit
pour la divinité étoit auffi profond que fon
génie étoit élevé ; comme écrafé fous le
poids de fa gloire , parce qu'il l'appercevoit
plus vifiblement que les autres hommes, fes
écrits ne font qu'un long Cantique d'admiration, où il rend hommage au Créateur , où
il s'annonce aux Sages fous des rapports nouveaux, Animé de ce tranfport facré qui

échauffe les cœurs vertueux, il auroit voulu imprimer ſes principes dans le cœur de tout être penſant, non par orgueil, mais parce qu'il les croioit utiles à l'homme, & religieux envers l'Être ſuprême.

Embraſſez l'état le plus conforme à vos goûts & à vos penſées. Faites qu'il ſoit utile aux autres & à vous-mêmes. Eſt-il un plus triſte fardeau que celui d'être ſpectateur oiſif des travaux de ſes ſemblables ? Gardez-vous de blâmer l'état d'autrui & de vous croire au-deſſus du ſien. Le dernier des mortels occupe une place reſpectable, dès qu'elle eſt liée à l'intérêt public, & celui qui ſçait obéir, eſt peut-être plus grand que celui qui commande. Ainſi DESCARTES de cet œil élevé qui embraſſe les rapports, & voit diſparoître les les ſimulachres de la vanité, appercevoit tous les hommes comme égaux, comme étant ſoumis à des devoirs mutuels, & dépendans les uns des autres par leurs beſoins réciproques. Il développa ces vérités utiles qui font vaiment frémir l'orgueil des Grands. Il n'eſt pas indifférent de voir ce Philoſophe pratique, traiter ſes domeſtiques avec humanité, en faire ſes diſciples, cultiver leur ame, loin de

les avilir , relever leur courage abattu par le
malheur , & enrichir la société de nouveaux
hommes formés de ses mains.

Qui ne reconnoîtra dans cette Morale l'empreinte d'une ame douce , d'un ami de la
vertu , de la simplicité , qui connoît les hommes , compâtit à leur foiblesse , & est attentif
à leur bonheur. On sent qu'il les a étudiés sur
la scene du monde, & que malgré une longue
retraite , il a trouvé le temps de parcourir le
théâtre de l'Europe.

Il est peu de grands hommes qui n'ayent
voyagé. C'est ainsi qu'ils ont secoué les ha-
bitudes natales , & ce mépris superbe que
l'ignorance prodigue à ce qu'elle ne connoît
pas. Les voyages corrigent les vices du caractère national , en fournissant mille objets
nouveaux de comparaison. Rien ne donne au
caractère une assiete plus stable que le coup
d'œil général. Quel objet alors se dérobe à
l'œil perçant du génie ? DESCARTES consi-
dère les mœurs , les loix , les coutumes , juge
les empires , non sur le dégré de leur puissance ,
mais sur celui de leur bonheur. Il visite cette
ancienne capitale du monde , monument des
étonnantes révolutions que le temps amene

fur la terre , fpectacle digne des réflexions
d'un Philofophe. Je le vois interroger tous
les lieux , extraire le grand livre du monde,
fe placer fur le fommet des monts , y cueillir
les tréfors de l'Hiftoire naturelle & nous faire
part de fes richeffes. S'il defcend , détournera-
t-il fes regards des hommes les plus groffiers,
ainfi que fait l'homme de Cour ? Non, il de-
mêle l'oppofition des différens efprits , pefe
leurs intérêts divers , leurs vices, leurs vertus,
faifit la nuance prodigieufe de caractères qui
femblent être les mêmes ; lit à travers les
replis les plus multipliés du cœur, & fe délivre
ainfi de mille erreurs , dont il auroit été invo-
lontairement la victime fans cette grande étude.
On le vit obferver les Sçavans avec plus de
foin encore que les autres hommes , plus attentif à leurs actions qu'à leurs difcours. De
nouvelles clartés frappent fon efprit. C'eft en
voyant le joug de l'efclavage appéfanti fur
prefque toutes les têtes ; les guerres inteftines
des Hommes, les tourmens de leur ambition,
leurs folies, leurs erreurs, qu'il apprit à chérir
l'indépendance généreufe qu'il avoit embraf-
fée , & que cette fatisfaction pure que donne
la recherche de la vérité , lui parut le feul
partage vraiment digne d'un être raifonnable.

Il eſt une autre vertu qui lui fut particuliere, c'eſt l'indulgence, cette indulgence éclairée qui pardonne aux défauts pour mieux hair les vices, qui perfectionnée par l'expérience, n'attend de la foibleſſe des hommes que ce qu'ils peuvent faire, & qui parvient à les aimer, parce qu'elle exclud tout ſentiment d'orgueil & d'envie. O homme! la Nature ne t'a point fait injuſte ; mais tu le deviens, parce que tu ne te rends pas juſtice à toi-même, & que tu l'exerces cruellement à l'égard d'autrui. N'as-tu pas la foibleſſe de te croire plus grand lorſque tu abaiſſes ton ſemblable ? Le talent précieux d'excuſer les fautes d'autrui, eſt ſans doute la qualité la plus laborieuſe & la plus ſublime du Philoſophe. Elle annonçoit en DESCARTES un eſprit ſouverainement vrai, judicieux profond, qui avoit long-temps réfléchi ſur lui-même, & qui connoiſſoit la nature humaine. Il voit la ligne preſque imperceptible qui ſépare le mal du bien. De-là cette tranquillité inaltérable, lorſque les cris de la ſuperſtition éclaterent contre lui. Courageux à détruire les préjugés, il ſoutint avec fermeté les perſécutions tantôt ouvertes, tantôt cachées qu'on lui ſuſcitoit. Il ſçavoit que les paſſions les plus

viles prennent le mafque du zéle le plus
noble ; il alloit jufqu'à plaindre les méchans
tourmentés eux-mêmes en tourmentant les
autres. Il interdifoit fa juftification à fes amis,
& fe contentoit d'être irréprochable à fes propres yeux.

Cette raifon fupérieure n'affoibliffoit point
en lui les traits du fentiment. Il s'enflammoit,
mais pour l'intérêt d'autrui. Galilée , gémiffant
dans ces cachots creufés par le fanatifme,faifoit
couler fes larmes. Cette injuftice pénétroit
fon ame & y verfoit cette indignation qu'un
cœur généreux a tant de peine à contenir. Il
fouffroit avec cet illuftre Philofophe. Il étoit
tenté de renoncer au funefte devoir d'éclairer
les hommes , déplorant leur ignorance barbare , lorfqu'ils prononcent fans entendre ,
flétriffent l'homme de génie de fang froid , &
condamnent l'impiété où elle ne fut jamais.
Que dis-je ? Lui-même va être puni de fes
travaux , l'orage fe forme , mais alors D E S-
C A R T E S n'eft point ébranlé. Il déploye cette
fermeté d'ame , qui contrebalance les coups
ennemis. Il fait parler la vérité foudroyante
& cette jufte & noble fierté , fille de la grandeur d'ame , qui terraffe , il eft vrai; mais

ne change pas de vils adverfaires. C'eft donc l'infortune qui met le dernier fceau à la gloire d'un grand-Homme.

Il femble qu'une voix forte & terrible prononce fur la tête de tout Homme de génie au moment de fa naiffance, cet arrêt funefte & irrévocable : *Tu feras grand & malheureux.* Je voudrois diffimuler plus long-temps, que DESCARTES avoit été obligé d'abandonner la France fa patrie, pour chercher un afyle loin de cette efpéce d'hommes méprifables & lâches, qui ne fçavent que perfécuter, & arrêtent les progrès de l'efprit humain autant par orgueil que par intérêt. Retiré au fond de la Hollande, DESCARTES comptoit y vivre en paix, loin des fanatiques; mais il étoit encore parmi des hommes. Un ennemi plus cruel, armé de toute la haine Théologique, pourfuit DESCARTES avec une fureur atroce & prefque inconcèvable. C'étoit un homme bas, jaloux, intriguant, ennemi implacable de tout mérite, ardent à nuire, & dévoré d'une rage fombre. Il crut, en perdant le Philofophe, anéantir fa Philofophie, conféquence digne d'un tel adverfaire.

L'emporté Voet peint DESCARTES

comme un Athée , parle des intérêts des
Cieux , & aiguife le poignard de la calomnie.
Il déguife un cœur ulcéré fous le manteau de
la Religion , & veut embrâfer l'Europe pour
fatisfaire fa haine. Déjà il a fouflé fa rage
dans des cœurs foibles. Il fe charge fans rougir
du perfonnage odieux de délateur, & fouleve
une Univerfité. Des Magiftrats aveugles qui
ne connoiffent plus les limites de leur pouvoir , citent DESCARTES à leur tribunal,
comme ils ont coutume de citer un criminel.
DESCARTES alloit être condamné fans avoir
été entendu. La main d'un bourreau, fi toute-
fois elle le peut , alloit flétrir les productions
du génie ; mais une autorité auffi jufte que
puiffante , impofa heureufement filence à
cette foule de fanatiques. Pendant l'orage, à
la haine envénimée de fes ennemis, DESCAR-
TES n'avoit oppofé que de la raifon & de la
patience. Modéré & tranquille , il amena fa
juftification avec une préfence d'efprit qu'on
ne peut trop admirer. L'Europe applaudit à
fon triomphe, Voet fut couvert d'une con-
fufion qui le rendit plus méchant. Le barbare
porta à DESCARTES des coups mille fois plus
fenfibles. Adroit dans fa vengeance & non
moins

moins affreux , il empoifonna l'efprit du Difciple contre le Maître ; il rendit Regis ingrat ,
rebelle envers fon bienfaiteur. Infulté par
celui qui lui étoit cher encore , DESCARTES
reconnut la main cruelle qui avoit armé la main
de fon Difciple ; mais loin de lui toute paffion
violente , la haine ou le reffentiment. Il parle
avec douceur à l'ingrat qui l'outrage & fe
montre plus grand , plus généreux que celui-
ci n'eft injufte. Ainfi la fageffe de DESCARTES
eft la fource féconde , d'où coulent le repos
de fon efprit & le calme de fon ame. Le té-
moignage de fon cœur lui donne une appro-
bation que la haine & que la calomnie ne
peuvent lui ôter.

Ici ma plume fe refufe à peindre les intri-
gues , les perfidies , la marche ténébreufe, la
méchanceté profonde & réfléchie de l'implacable Voet. Ce font de ces traits qui étonnent & qu'on a en horreur , & qui font prêts
à fe renouveller contre les grands-Hommes de
chaque fiécle : Heureux encore s'il n'eut eû
que de lâches adverfaires ; mais il vit des
Ecrivains refpectables , foit précipitation , foit
zéle extrême , combattre fes principes. Arnaud
prit la plume contre DESCARTES. DESCARTES

E

respectoit son autorité, sans redouter le poids
de ses raisons. DESCARTES admira cet esprit
Géométrique, la clarté, l'enchaînement de
ses raisonnemens. Il lui répondit avec cette
franchise noble & austère qui ne craint point
de montrer sa juste indépendance, pour mieux
faire valoir les droits de la vérité. Ces rivaux
généreux conçurent l'un pour l'autre une secrete estime, quoiqu'ils différassent par leurs
opinions. Mais voici un Philosophe qui s'éleve
contre DESCARTES, c'est l'illustre Gassendi.
DESCARTES n'a point cette misérable vanité
qui rend un Ecrivain sensible dans tous les
points de ses ouvrages; il semble au-dessus
des viles passions de la terre, il cherche plutôt
à s'éclairer qu'à terrasser son rival. Le fiel amer
de la dispute n'empoisonne point sa plume.
Avouons-le, Gassendi moins modéré, laisse
échaper des traits étrangers à sa cause; DES-
CARTES qui n'a en vue que l'intérêt de la
Philosophie, maître des mouvemens de son
ame, n'a pas même le desir de triompher. Il
paroit raisonner avec lui-même dans un entretien sublime & tranquille, & dans ce combat
il attache & interresse les ames honnêtes. Il-
lustres rivaux, vous étiez trop grands pour

être long-temps divisés. Je vous vois abjurer les foiblesses de l'humanité, vous cédez à ces nœuds secrets qui unissent les Hommes de Génie nés vertueux. Si DESCARTES fut grand, Gassendi fut juste, & tous deux s'honorerent davantage en se respectant mutuellement. L'orgueil, peut-être légitime, d'être Créateur, rend le Philosophe même amoureux de ses Systêmes; mais DESCARTES est plus attaché à l'amour de la vérité qu'à ses propres découvertes. Amis des grands-Hommes, soyez attentif. Le jeune Pascal brûloit du desir de converser avec le chef de la Philosophie moderne; il vient. DESCARTES a démêlé du premier coup d'œil Pascal. Vient-il le louer? Il lui apporte un hommage bien plus digne d'un Philosophe; il vient le combattre; il vient, assuré des expériences de Torricelli & des siennes propres, soutenir l'opinion du vuide contre le Systême de DES-CARTES. DESCARTES surpris & charmé l'écoute, oublie que son Systême est ébranlé, pour ne sentir que la force de ses objections, en sollicite de nouvelles, traite Pascal comme son égal, & donne un exemple rare d'équité & de grandeur d'ame. Voilà comme Pascal est

venu visiter DESCARTES, & DESCARTES a
préféré ce courage noble à toutes les accla-
mations de ses admirateurs.

Il en avoit sans nombre, mais il put compter
en même-temps des amis. l'eu jaloux du vain
bruit de la renomée, célébre mais sensible ; il
ne pensoit pas que son nom le dispensât des
devoirs les plus saints. Il ne se laissoit pas seu-
lement aimer, il aimoit aussi, & ce vaste
Génie avoit un cœur. Généreux, bienfaisant
sans tyrannie ; il avoit cet art qui oblige sans
faire valoir ses services, & cet art est dix
fois plus rare que la bienfaisance même. Ses
amis goûtoient près de lui cette confiance
intime que tout homme cherche si avidement. Ils n'avoient point à rédouter l'œil
sévére d'un Censeur, ou ce qui est plus inju-
rieux encore, cette observation maligne &
secrete, qui quelquefois réside dans l'homme
éclairé. Heureux qui rencontre une ame élevée, c'est auprès d'elle qu'il osera être homme.
C'est devant son cœur qu'il dévoilera les vrais
mouvemens du sien. Les vertus indulgentes
accompagnent DESCARTES, tandis que le
froid poison de la malice circule dans des ames
étroites & basses.

Tous ſes Diſciples lui étoient chers , & il
en étoit aimé à plus d'un titre. Thomas Morus
du ſein de l'Angleterre, conçut pour ce grand-
Homme la plus haute eſtime & la plus vive ;
il lui demandoit des connoiſſances avec la
même ardeur que l'homme altéré implore
l'eau d'un fleuve. DESCARTES ſatisfait la ſoif
de ſon Diſciple , non pour prix de ſon enthou-
ſiaſme , mais pour récompenſer ſon zéle extrême pour la Philoſophie. Une Princeſſe
Palatine , célébre par ſon génie , chérit DES-
CARTES comme un ami ſublime, l'honore comme ſon maître , prend le nom de ſa Diſciple , &
l'illuſtre en marchant dignement ſur ſes traces.
L'infortune la pourſuivoit , comme ſi l'amour
de la Philoſophie empoiſonnoit les jours de
ſes Adorateurs juſques ſur les dégrés du thrône,
ou plutôt comme ſi le ſort cherchoit à ſe ven-
ger des reſſources que le Philoſophe porte en
lui-même pour braver ſes coups ; mais Elizabeth dans ſes revers eſt forte , elle a DESCAR-
TES. C'eſt lui qui la conſole du malheur de
vivre dans un rang élevé , & qui en la con-
duiſant dans les ſentiers des Sciences les plus
profondes , affermit ſon ame , & lui apprend
à mépriſer la bizarrerie des événemens. Eliza-

beth pouvoit faire tomber le préjugé orgueilleux, qui interdit à son sexe les connoissances
élevées, comme si la nature suivoit nos déci-
sions aveugles. Gardons-nous aujourd'hui d'a-
vilir les Dépositaires de notre bonheur, nous
serions à la fois injustes & malheureux, & nous
n'aurions pas encore le triste avantage de les
humilier. Ami de tous les lieux & de tous les
instans, c'est pour cette Princesse infortunée
que DESCARTES composa son *Traité de la
vie heureuse*. Sénéque a fait un Livre sur le
même sujet ; mais il y parle plus en Orateur
qu'en Philosophe. Il ne remonte pas à la véritable source du bonheur. DESCARTES re-
toucha cet ouvrage, c'est-à-dire, qu'il en fit
un Livre nouveau, plus beau, plus méthodique, plus touchant. En le lisant, on croit
entrer dans ces demeures fortunées, où l'air
est pur, le Ciel serein, & qu'on nous peint
habitées par des justes. On y respire le charme
de la vertu, on y sent cette vérité utile &
grande, que le vrai bonheur dépend de nous.
DESCARTES dit à l'homme: Vous le cherchez
vainement dans ces rêves illusoires qui vous fa-
tiguent. Soyez simple comme la nature, & n'ai-
mez que la vertu. C'est lorsque vous aurez

réglé les mouvemens de votre ame d'après la
juftice & la raifon ; c'eft lorfque vous aurez
établi d'une maniere fûre les principes de
votre conduite , qu'affermi dans vos démar-
ches , vous pourrez être en paix avec vous-
mêmes. La fougue de ces paffions factices qui
vous tirannifent , s'évanouira comme un fonge
devant les loix primitives & faintes de la nature , toujours bonnes & bienfaifantes. Alors
votre cœur jouira du plaifir qu'elle répand
d'une main prodigue fous les pas du jufte qui
eft d'accord avec lui-même. Une fatisfaction
fecrete , fruit heureux de l'équilibre de vos
defirs & de vos facultés , accompagnera vos
jours purs & tranquilles. L'univers , fpectacle
toujours touchant pour le Sage , s'embellira
fous vos regards , & fon ordre conftant & fublime fe manifeftera à vos yeux ; à vos yeux
où naîtront de doûces larmes.

Mais DESCARTES connoît en même-temps
les obftacles multipliés qui s'oppofent à la félicité de l'homme. Il nous offre fon admirable
Traité des Paffions , & c'eft ici qu'il paroît
le rendre ami des hommes, difons plus , leur
Apologifte. Aidé du flambeau de la Phyfique,
DESCARTES ne calomnie pas la Nature hu-

maine , affez infortunée dans fa trifte dépendance. Il confidére l'homme, fes befoins, fes
defirs , fes penchans, fes organes invinciblement foumis à la douleur, au plaifir plus redoutable encore. Être foible & malheureux,
quels tirans impérieux dominent dans ton
fein ? Affujetti à un inftinct fougueux , en-
chaîné dans un corps de bouë , portant le
germe de toutes les paffions, jouet de ta propre foibleffe , quels combats cruels & fans
ceffe renaiffans, dois-tu te livrer à toi même
pour t'arracher des bords du précipice ? Une
lutte éternelle , opiniâtre , voilà fur cette
trifte terre le partage de l'homme vertueux.
DESCARTES fuit l'examen de la prifon ter-
reftre de notre ame, il décrit ces mouvemens
involontaires, jeu des efprits animaux, ré-
fultat d'un pur méchanifme , qui courbent
l'homme fous les chaînes pefantes d'un efclavage rigoureux ; mais il nous démontre en
même-temps ce principe libre , Roi de nos
actions, cette penfée tranquille & puiffante
qui commande aux paffions, & les affujetit à
l'ordre. Il ne déguife point les guerres inteftines qui s'allument , la revolte des fens
contre l'ame, il voit, il apprécie l'homme

tel qu'il eft, foible & miférable ; mais fans
ajouter à fa malheureufe deftinée le ton barbare du reproche, il s'empreffe à lui indiquer
les forces qu'il poffède pour dompter la tempête & en fortir vainqueur. DESCARTES ne
regardoit point ces mêmes paffions, comme
les refforts qui font mouvoir l'ame ; la vertu
dont il avoit une auffi haute idée, a felon lui,
des motifs plus purs. Les paffions font les ma-
ladies de l'ame, c'eft un trouble dévorant qui
l'agite, & fi elles lui prêtent quelque force,
cette force lui devient funefte.

C'eft ainfi que les Écrits de ce grand-Homme
portent l'empreinte de fon ame comme celle
de fon Génie. Adorateur de la perfection, il
la montroit aux hommes comme le but de
leurs efforts. Avec quel fentiment il exalte la
vérité, la raifon, la juftice ! Comme il peint
ce goût intime & délicieux de la vertu, qui
dans plufieurs cœurs, eft l'unique fource de
leurs grandes actions. DESCARTES meritoit
qu'on lui appliquât cet éloge d'un Heros.
Content d'être eftimable, il n'afpire point à
le paroître. En fe rendant digne de la gloire,
il la redoutoit, & ne vouloit point fur-tout
être diftingué du refte de hommes ; car les

travaux utiles du dernier d'entre eux lui pa-
roiſſoient également honorables. Si la gloire
n'eſt point une illuſion, ſi elle eſt une récom-
penſe légitime du bien fait aux hommes; ſans
doute cette gloire appartenoit à DESCARTES,
& cependant ce Philoſophe regardoit une
action généreuſe & ignorée, comme cent fois
plus éclatante que tous les beaux rayons dont
elle couronne ſuperbement ſa tête. Si des
amis trop amoureux de la renommée lui ra-
viſſent pluſieurs de ſes penſées & de ſes découvertes, il garde le ſilence. Que la vérité ſe répande ſur la terre, qu'elle devienne
utile au monde, voilà ce qui lui importe, &
non l'honneur qui doit lui en revenir. Il avoit
une autre qualité rare dans l'homme, & encore plus dans le grand-Homme. Il ne dédai-
gnoit point les Arts où il n'étoit point initié,
il ne mépriſoit point les connoiſſances qu'il
n'avoit pas. Son génie devinoit confuſément
ce qu'il n'appercevoit pas. Il ſentoit que dans
l'ordre des choſes tout eſt lié, & que ſi les
anneaux de la grande chaine ne ſont pas viſibles, ils n'en exiſtent pas moins.

Je ne le louerai pas de ſa modération. Rien
n'abuſe l'œil de DESCARTES. Richelieu

fait de vains efforts pour l'attirer à la Cour, toute la politique du Miniftre échoue. DES-CARTES aime mieux vivre en Hollande, il fert fa patrie, mais de loin. Cependant de nouvelles fureurs éclatent. C'eft l'ardent Voet, c'eft ce Perfécuteur acharné, qui cherche dans des cendres prefque éteintes, des femences d'incendie. Pour achever ces jours loin des Fanatiques, en quel lieu DESCARTES fe réfugiera-t-il? De tout côté il effuye de nouveaux outrages. Au fein de la Capitale, en Hollande, il éprouve toutes les injuftices, tous les dédains que le talent reçoit de l'orgueil des hommes. Des méchans fiers de l'impunité fe replient comme des ferpens pour le mieux bleffer. Je vois ce refpectable Philofophe confumer un temps précieux dans une défenfe auffi trifte que légitime. La baffeffe de fes ennemis étoit prête à lui donner quelque fentiment de fa fupériorité; mais il échappa même aux mouvemens d'un jufte orgueil, s'il en peut être un.

DESCARTES voulant forcer la calomnie à fe taire, & ne plus fournir à la haine de nouveaux alimens, a réfolu de vivre caché & abfolument inconnu. Son goût pour la retraite

ſe change en une véritable paſſion. Ses Ecrits
ne paroîtront plus qu'après ſa mort. Il ne demande aux hommes qu'il a ſi bien ſervis que
le repos & l'oubli. Des projets plus vaſtes
s'offrent en foule à ſon Génie ; il étincelle
d'un feu plus vif, ardent, infatigable, il va
ſe plonger dans ſes idées fécondes & immenſes.
Le moment du trépas viendra ſans qu'il s'en
apperçoive ; au moment que la chaîne maté-
rielle tombera, ſon eſprit ſuivra encore le fil
de ſa penſée. De ce ſéjour mortel, il com-
mence la méditation qui ſera pour les ſiecles
le partage de l'Être intelligent. Comment donc
renonça-t-il au plan magnifique de travailler
uniquement pour l'homme ; comment ces heureux deſſeins changerent-ils contre ſa propre
attente ? les Êtres les plus éloignés du Philoſophe, les Rois viendront-ils à leur tour trou-
bler ſa vie & ſon repos?

Une Reine paſſionnée pour la Philoſophie
& les Lettres, qui avoit tranſplanté dans le
Nord les Arts du Midi, conçut l'ambition
d'attirer à ſa Cour le Prince des Philoſophes,
comme pour poſſeder en ſa perſonne le corps
des Sciences. Elle avoit pour les Arts cet
amour ſincere que tant d'autres Souverains

feignent d'avoir; fon eftime pour les Sçavans
n'étoit point douteufe; car elle étoit digne de
recevoir les éloges qu'elle leur donnoit. Cette
Philofophie perfécutée avec tant de fureur
lui parut admirable; & fon illuftre Auteur,
objet infortuné d'une jaloufie fi longue lui
infpira un nouvel intérêt. Elle invita DES-
CARTES, non avec cette autorité faftueufe,
qui penfe avec de l'or acheter l'Homme de
Génie, qui flatte, qui fupplie publiquement,
comme pour l'entrainer avec tout le poids
de la puiffance; mais avec ces égards noblés,
timides même, qui font difparoitre l'orgueil
du Souverain, pour ne laiffer appercevoir
que l'amateur idolâtre des Arts. Un Philofophe a fans doute le droit de refufer les Rois,
il ne doit fa liberté à perfonne; s'il approche
du thrône, c'eft quand les malheurs publics
font à ce comble où ils ferment la bouche à
la foule des adulateurs. C'eft alors qu'il lui eft
permis d'étonner par fa vertu. DESCARTES ne
fut pas conduit par la vanité de refpirer l'air
de la Cour, il céda à l'inclination forte & fecrete qui l'attiroit vers une Reine Philofophe,
qui avec un efprit élevé au-deffus des préjugés, dont fes femblables font les premieres

victimes, faisiroit facilement ses principes &
les feroit regner sur ceux qui ont befoin d'une
autorité pour penser. Ce spectacle d'une jeune
femme, qui pense sur un thrône, qui veut
s'instruire encore, qui se tire de la foule des
Souverains par l'étendue & la singularité de
son Génie, ses vertus plus éclatantes que ses
défauts, son amour extrême pour les Arts,
ses invitations nobles & pressantes, tout cela,
dis-je, avoit je ne sçais quoi de curieux &
d'attachant, qui pouvoit interresser le Philo-
phe le plus austere, car il fait quelque fois
graces aux Rois.

DESCARTES fit paroître une vertu nouvelle
dans une Cour étrangere. Il osa intercéder
auprès de Christine en faveur de la Princesse
Elizabeth sa Disciple favorite, objet malheureux de la jalousie secrette de la Reine. Il
n'employa pas les détours d'un langage politique, sa franchise & sa fermeté firent valoir
hautement les droits de la Justice & de l'Humanité; il méritoit de triompher, mais Christine n'avoit jamais sçu pardonner. Quoiqu'attaché à la Reine, il sçut conserver sa liberté,
Il se dispensa de cette servitude assujettissante,
faite pour le Courtisan oisif, esclave d'un re-

gard, mais indigne d'un Philofophe, qui ne
fçait ni ramper ni mentir. Quoi, l'envie le
pourfuit encore ? Quoi, le Génie bienfaiteur
de l'Humanité ne recueillera que la haine ?
O don des Cieux quel eft ton avantage ! Je
vois les Sçavans de la Cour de Chriftine in-
quiets, jaloux, en fe déteftant mutuellement,
fe liguer, fe réunir contre DESCARTES & faire
jouer les plus vils refforts pour le perdre.
Tandis que la main de ce Philofophe généreux, en traçant les Statuts d'une Académie,
fe fait gloire d'affurer leur liberté, de les montrer refpectables aux autres & à eux-mêmes,
ils confpirent lâchement fa perte ! Malheureux ! Sufpendez votre aveugle inimitié, il va
mourir ce grand-Homme, dont la gloire vous
offenfe ; pardonnez-lui maintenant fes vertus.
Le deuil de l'Europe aura pour vous des charmes ; mais laiffez-nous payer le tribut que nous
devons à fa mémoire.

Placé entre le travail & la mort, ô DES-
CARTES ! tu devrois donc être frappé prefqu'au
milieu de ta carriere. Victime des devoirs de
l'amitié, une terre étrangere va devenir ton
tombeau. Rien n'arrête ta grande ame,
ni les Sciences défolées, ni les regrets de

ceux qui penſent , ni les larmes , ni les ſoins
d'un ami digne de toi. Mille guerriers expi-
rent ſur le champ de bataille ; mais c'eſt la
mort de DESCARTES , cette mort qu'il envi-
ſage & qui avance à pas lents, c'eſt cette mort
tranquille d'un Philoſophe , qui touche & qui
attendrit. Le trépas n'eſt point pour lui un fan-
tôme hideux. En menant une vie innocente ,
il a trouvé le ſecret de ne point redouter ce
terrible paſſage. Il tourne un œil mourant
vers ce Dieu , dont la main magnifique &
bienfaiſante eſt empreinte ſur toute la Nature ,
vers ce Maître clément , qui a daigné embellir
juſqu'au lieu de notre exil. Tout dit à ſon
cœur que ſa bonté ne s'épuiſera pas , lorſque
notre ame revolera dans ſon ſein. Humilié
ſous le bras de l'arbitre éternel de la vie & de
la mort , il implore le Pere des Humains &
expire en Philoſophe Chrétien.

A peine eut-il fermé la paupière , qu'un cri
de douleur rétentit dans toute l'Europe. La
calomnie diſparut & la juſtice des ſiécles prit
ſa place. L'interpréte de la Nature n'eſt plus,
on ſent la perte irréparable qu'on vient de
faire. C'eſt lors qu'on voit l'edifice qu'élevoit
la main du Génie , à jamais interrompu , c'eſt

alors

alors qu'un retour fur nous-mêmes nous laiſſe appercevoir le beſoin que nous avions de cette main hardie & puiſſante. Chriſtine donna des larmes à la mort de DESCARTES. Elle lui deſtinoit une ſepulture auprès des Rois, pompe funebre digne d'Elle ; mais appareil faſtueux & inutile à la mémoire d'un Philoſophe qui ayant vu tous les états du même œil , & re-gardé tous les hommes comme ſes freres , n'avoit deſiré que de mêler ſes cendres à celles de ſes égaux.

Ces reſtes précieux enſevelis dans un Royaume étranger , étoient un reproche en-vers la patrie. Un ami , un citoyen fit tranſ-porter ces cendres de Stockholm à Paris. DESCARTES rentra triomphant dans le ſein de la France ; mais il étoit ſous l'empire de la mort. Cendres de DESCARTES , vous avez dû treſſaillir de joie , en voyant la France ou-vrir les yeux à une lumière ſi long-temps mé-connue. Pere de la Philoſophie moderne , on reconnut enfin dans tes écrits la beauté ſenſible de la vérité , la grandeur & la ſubtilité du Génie , le bel ordre , l'enchaînement & la correſpondance des idées. O grand Reſtau-rateur! c'eſt toi qui a diſſipé les ténébres ré-

F.

pandues fur les abimes de la Nature , & fi la
Science de l'univers a acquis de jour en jour
de nouvelles richeffes, fi la Géométrie pre-
nant un vol étonnant a reculé fes limites, fi
le flambeau de la Phyfique a éclairé les fecrets
les plus merveilleux & les plus utiles, fi d'après
une longue fuite de phenoménes, de raifon-
nemens, d'erreurs & de calculs, le vrai fyftême
du monde a été trouvé & perfectionné, fi depuis l'infecte rampant dans la fange, jufqu'au
globe étincelant enfoncé dans les déferts de
l'efpace, tous les Êtres ont été apperçus & dé-
crits, fi l'Art plus fublime de lier & de regler
d'une maniere fûre les opérations intellectuel-
les a fait toucher à l'homme la profondeur de
l'efprit humain, c'eft à toi, Ombre Illuftre,
que ces grandes chofes font dues, à toi qui as
occafionné ces immenfes découvertes, à toi
qui as pofé la premiere pierre du monument
hardi qui nous étonne. Tu es auffi grand par
la révolution que tu as caufée, que par l'effor
de tes propres méditations. Après mille ans de
barbarie, fommeil des Arts & des Sciences,
tu manifeftas le réveil du Génie. Tu ouvris
par ton audace la carriere, & tu mériteras
les hommages de ceux qui la rempliront. On

n'oubliera jamais cette impulfion vive & rapide que tu as communiqué aux efprits. Sois
toujours le Philofophe dont la France s'honore. Son admiration , fon refpect ont bien
effacé un oubli paffager pendant des temps
malheureux. Eh ! qu'importe au vrai Philofophe qu'il foit pendant fa vie la victime de fon
zéle , pourvu qu'après fon trépas fes perfécuteurs lui foient redevables , il n'élevera pas
d'inutiles clameurs , il ne fe plaindra pas comme un homme vulgaire , de l'injuftice des
hommes qu'il doit connoître , il fçait qu'il
faut encore payer l'honneur de leur faire du
bien. Ah ! je crois l'entendre s'écrier du fond
de fa tombe : *Citoyens, j'ai pu vous être utile ,
c'en eft affez , mes manes font fatisfaits , & je fuis
confolé.*

F I N.

1361.

www.ingramcontent.com/pod-product-compliance
Lightning Source LLC
Chambersburg PA
CBHW050619210326
41521CB00008B/1313